INNSBRUCKER GEOGRAPHISCHE STUDIEN

Herausgeber: A. Borsdorf u. G. Patzelt   Schriftleitung: W. Keller   Band 25

Franz RIEGLER

HÖFEERSCHLIESSUNG
im bergbäuerlichen Siedlungsraum

Das Beispiel Tirol

mit 39 Tabellen, 31 Abbildungen und 21 Bildern

Selbstverlag
des Instituts für Geographie der Universität Innsbruck
1995

Der Druck wurde durch Zuschüsse folgender Stellen gefördert:

Universität Innsbruck
Tiroler Landesregierung

Alle Rechte, insbesondere das der Übersetzung in fremde Sprachen, vorbehalten.

1995, Institut für Geographie der Universität Innsbruck

Gesamtherstellung: Thaurdruck – Giesriegl Ges.m.b.H., 6065 Thaur bei Innsbruck

ISBN 3-901182-25-X

Inhaltsverzeichnis

Vorwort 9

1. Einführung in die Problematik und Ziel der Arbeit 11
2. Die Landwirtschaft Tirols in der Herausforderung der Gegenwart 12
   2.1 Die Abnahme der Agrarbevölkerung und der Agrarquote 13
   2.2 Landwirtschaftliche Betriebe und Rinderhalter 14
   2.3 Betriebswirtschaftliche Ausrichtung und sozioökonomische Struktur . 16
   2.4 Wirtschaftliche Lage, Arbeits- und Produktionsbedingungen 18
3. Bergbauern und Fremdenverkehr 25
4. Die Erschließung der Bergbauernhöfe in ihrer zeitlichen und räumlichen Differenzierung 28
   4.1 Ursachen der Unerschlossenheit 28
   4.2 Ziele und Bedeutung der Höfeerschließung 29
   4.3 Die Anfänge des Güterwegebaues 31
   4.4 Die Erschließungstätigkeit nach dem Zweiten Weltkrieg 33
      4.4.1 Statistische Grundlagen 33
      4.4.2 Der Bau von landwirtschaftlichen Seilwegen 33
      4.4.3 Die Erschließungstätigkeit vom Ende des Zweiten Weltkriegs bis 1966 ... 35
      4.4.4 Die räumliche Verteilung der im Jahr 1966 unerschlossenen Höfe 40
         4.4.4.1 Die Einstufung als „unerschlossener Betrieb" 40
         4.4.4.2 Die unerschlossenen Höfe nach Bezirken, Regionen und Gemeinden ... 41
         4.4.4.3 Verteilung nach der Höhenlage 42
         4.4.4.4 Landesweiter Überblick 46
      4.4.5 Die Erschließungstätigkeit von 1967 bis 1988 56
      4.4.6 Die Erschließungstätigkeit unter den Gesichtspunkten Höhenlage, Fremdenverkehr, Betriebserschwernis und Erwerbsart 60
         4.4.6.1 Die Höhenlage 60
         4.4.6.2 Der Einfluß des Fremdenverkehrs 62
         4.4.6.3 Die Betriebserschwernis 63
         4.4.6.4 Die Erwerbsart 64
      4.4.7 Gesamtüberblick über die Erschließungstätigkeit nach dem Zweiten Weltkrieg 65
   4.5 Der gegenwärtige Stand der Höfeerschließung 67
   4.6 Die zukünftige Erschließungstätigkeit 73
5. Die Auswirkungen der Verkehrserschließung des bergbäuerlichen Siedlungsraumes in Tirol – Ergebnisse der Befragung 75
   5.1 Methode und Durchführung der Befragung 75
   5.2 Die Erreichbarkeit der in die Befragung einbezogenen Höfe 77
      5.2.1 Die Lage der Betriebe 77
      5.2.2 Erschließungszeitpunkt und Erreichbarkeit vor der Erschließung und heute 77
      5.2.3 Die Entfernung zu infrastrukturellen Einrichtungen 81
      5.2.4 Materialseilbahnen 82
      5.2.5 Der Benutzerkreis der Straßen 82
   5.3 Auswirkungen auf die Erwerbstätigkeit und die agrarökonomische Struktur ... 85

5.3.1 Die außerlandwirtschaftliche Berufstätigkeit	85
5.3.2 Die Maschinenausstattung am Hof	88
5.3.3 Innerbetriebliche und ökonomische Veränderungen	89
5.3.4 Weiterbewirtschaftung oder Auflassung der Höfe?	93
5.4 Der Einfluß auf die Siedlungstätigkeit und die Bevölkerungsentwicklung	95
5.4.1 Bauliche Maßnahmen am Hof	95
5.4.2 Die Siedlungs- und Bevölkerungsentwicklung in den ehemals unerschlossenen Siedlungsräumen	98
5.4.3 Die nichtlandwirtschaftlichen Wohngebäude im Berggebiet	103
5.5 Höfeerschließung und Fremdenverkehr	105
5.5.1 Die Bedeutung der Straßen für den Fremdenverkehr im Bergsiedlungsgebiet	105
5.5.2 Die Entwicklung des touristischen Angebots	107
5.5.3 Ferienwohnungen und Ferienhäuser	108
5.6 Fallbeispiel Gattererberg im Zillertal	110
5.7 Der bildungsgeographische Aspekt	117
5.7.1 Das Ausbildungsniveau der am Hof aufgewachsenen Personen	117
5.7.2 Der Schulweg – früher und heute	118
5.8 Verbesserungen im medizinischen, sozialen und gesellschaftlichen Bereich	119
5.9 Negative Auswirkungen des Straßenbaues im Bergsiedlungsraum	120
Zusammenfassung	125
Summary	17
Anmerkungen	128
Literaturverzeichnis	130
Quellenangaben	137
Tabellenanhang	139

Tabellenverzeichnis

Tab. 1:	Die Agrarbevölkerung in Tirol	13
Tab. 2:	Landwirtschaftliche Betriebe und Rinderhalter	14
Tab. 3:	Die Abnahme der landwirtschaftlichen Betriebe (1960 – 1980) und der Rinderhalter (1965 – 1985) in Prozent	15
Tab. 4:	Prozentanteil der Vollerwerbs-(VE) und Nebenerwerbsbetriebe (NE) nach Bezirken	17
Tab. 5:	Bergbauernbetriebe nach Erschwerniszonen	19
Tab. 6:	Prozentanteil der Kleinbetriebe	20
Tab. 7:	Betriebserschwernis und Rinderbestand je Betrieb	21
Tab. 8:	Traktoren und Motorkarren (Transporter) in den landwirtschaftlichen Betrieben	24
Tab. 9:	Bearbeitung der landwirtschaftlichen Nutzflächen in Prozent	25
Tab. 10:	Landwirtschaftliche Betriebe mit Zimmervermietung 1970, 1980 und 1990	27
Tab. 11:	Bestand an landwirtschaftlichen Seilwegen in Tirol	34
Tab. 12:	Landwirtschaftliche Betriebe ohne LKW-Zufahrt und Betriebe ohne elektrische Energie (1957) in Tirol	37
Tab. 13:	Erschließungstätigkeit zwischen 1951 und 1965	37
Tab. 14:	Von 1945 bis 1965 neu erschlossene Höfe nach Gemeinden (Auswahl)	39
Tab. 15:	Die im Jahr 1966 unerschlossenen Höfe in Tirol nach Bezirken	42

Tab. 16: Anteil der unerschlossenen Höfe an den Rinderhaltern nach verschiedenen Gemeindetypen (1966) in Prozent 42
Tab. 17: Unerschlossene Höfe und ihr Anteil an den rinderhaltenden Betrieben nach Regionen (1966) 43
Tab. 18: Absolute Höhe und Erschließungstätigkeit von 1967 bis 1987 60
Tab. 19: Relative Höhe und Erschließungstätigkeit von 1967 bis 1987 60
Tab. 20: Die Erschließungstätigkeit (1966 bis 1988) in Gemeinden mit intensivem und extensivem Fremdenverkehr 62
Tab. 21: Anteil der unerschlossenen Höfe in Prozent von 1966 nach der Betriebserschwernis 64
Tab. 22: Von 1951 bis 1993 neu erschlossene Betriebe nach Landesteilen 64
Tab. 23: Summe der von 1945 bis 1993 neu erschlossenen Höfe nach Bezirken 67
Tab. 24: Die im Jahr 1995 unerschlossenen Höfe in Tirol (nach Bezirken) 67
Tab. 25: Gemeinden mit einer hohen Zahl an unerschlossenen Höfen (1989) 69
Tab. 26: Die landwirtschaftlichen Betriebe in Tirol im Vergleich mit den unerschlossenen Betrieben (1988) nach der Zugehörigkeit zu einer Höhenstufe (in Prozent) 69
Tab. 27: Die relative Höhe der im Jahr 1988 unerschlossenen Höfe 70
Tab. 28: Die absolut unerschlossenen Betriebe nach Bezirken 72
Tab. 29: Wegansuchen 1989 74
Tab. 30: Befragungsgemeinden 76
Tab. 31: Die absolute Höhenlage der untersuchten Betriebe im Vergleich 77
Tab. 32: Erreichbarkeit im Winter und relative Höhe 80
Tab. 33: Anteil der Höfe mit lawinengefährdetem Zugang 80
Tab. 34: Entfernung zur Arbeitsstelle 87
Tab. 35: Bevölkerungs- und Siedlungsentwicklung in den neu erschlossenen und unerschlossenen Fraktionen 100
Tab. 36: Der neue Wohnort der auf Bergbauernhöfen aufgewachsenen Personen 103
Tab. 37: Der Arbeitsort der Bewohner von nichtlandwirtschaftlichen Gebäuden und Nebenerwerbsbauern 105
Tab. 38: Vermietung auf neu erschlossenen Bergbauernhöfen 107
Tab. 39: Bevölkerungs- und Siedlungsentwicklung am Gattererberg, Gemeinde Stummerberg 115

Abbildungsverzeichnis

Abb. 1: Anteil der Rentnerbetriebe an den landwirtschaftlichen Betrieben 1991 18
Abb. 2: Bergbauernbetriebe nach Erschwerniszonen und Bundesländern. – Tirol im Vergleich 19
Abb. 3: Lagetypisierung im öffentlichen Verkehr 1981 und im Individualverkehr 1985 . 22
Abb. 4: Die Entwicklung des Traktor- und Zugviehbestandes in Österreich 1953 bis 1966 23
Abb. 5: Von 1951 bis 1965 neu erschlossene Höfe nach Bezirken 38
Abb. 6: Die absolute Höhe der im Jahr 1966 unerschlossenen Bergbauernhöfe nach Bezirken 44
Abb. 7: Die relative Höhe der im Jahr 1966 unerschlossenen Bergbauernhöfe nach Bezirken 45
Abb. 8: Der Anteil der unerschlossenen Höfe an den rinderhaltenden Betrieben nach Bezirken (1966 bis 1994) 57
Abb. 9: Veränderungen der Zahl der unerschlossenen Höfe von 1966 bis 1995 nach Bezirken 58

Abb. 10: Die Abnahme der unerschlossenen Höfe seit 1966 nach Talschaften und Kleinregionen 57
Abb. 11: Neuerschließungen zwischen 1966 und 1988 nach der relativen Höhe 61
Abb. 12: Fünfjahressumme der neu erschlossenen Betriebe (1951 bis 1990) nach Bezirken 65
Abb. 13: Die relative Höhe der unerschlossenen Höfe in Tirol (1966 und 1988) 71
Abb. 14: Die absolut unerschlossenen Betriebe nach der Bergbauernzonierung (Erschwerniszone) 1988 73
Abb. 15: Betriebe nach Erschwerniszonen 78
Abb. 16: Die Erreichbarkeitsverhältnisse der Bergbauernhöfe heute (Sommer/Winter) . 79
Abb. 17: Das Ausmaß der Straßenbenützung durch Ortsfremde in Prozent 83
Abb. 18: Der Arbeitsort der Bewohner aus dem neu erschlossenen Berggebiet 86
Abb. 19: Die Maschinenausstattung der Bergbauernhöfe 88
Abb. 20: Veränderungen bei der selbstbewirtschafteten Fläche 91
Abb. 21: Durchschnittlicher Bestand an Rindergroßvieheinheiten in den einzelnen Bezirken 92
Abb. 22: Die Zukunft der landwirtschaftlichen Betriebe 94
Abb. 23: Die Bautätigkeit auf den Bergbauernhöfen 99
Abb. 24: Die Bevölkerungs- und Siedlungsentwicklung in den ehemals und heute noch unerschlossenen Berggebieten (1961 bis 1988) 102
Abb. 25: Die Herkunft der Eigentümer von nicht landwirtschaftlich genutzten Neubauten im Bergsiedlungsraum 104
Abb. 26: Fremdenbeherbergung und Vermietungstätigkeit 106
Abb. 27: Gattererberg: Straßenbau und Siedlungsentwicklung 111
Abb. 28: Gattererberg: Erwerbsart und Bergbauernzonierung 112
Abb. 29: Gattererberg: Fremdenverkehr 113
Abb. 30: Gattererberg: Ausstattung mit Maschinen und Fahrzeugen 114
Abb. 31: Das Ausbildungsniveau der Bevölkerung im ehemals und heute noch unerschlossenen Berggebiet 118

Bilderverzeichnis

Bild 1: Der Transporter (Schlepper) im Einsatz 24
Bild 2: Durch eine Materialseilbahn erschlossener Hof in Hartberg im Zillertal 35
Bild 3: Wegverhältnisse in einem unzureichend erschlossenen Weiler in Kappl im Paznauntal 36
Bild 4: Die um 1970 neu erschlossene Weilersiedlung Egg in der Gemeinde Kappl im Paznauntal 47
Bild 5: Erinnerungstafel an die letzten Bewohner von Oberfalpetan im Kaunertal 48
Bild 6: Bichlbächle in der Gemeinde Berwang, Bezirk Reutte 49
Bild 7: Der höchstgelegene Hof im Nordtiroler Wipptal: Hochgenein im Schmirntal 51
Bild 8: Inneralpbach 53
Bild 9: Streusiedlungsgebiet Penningberg, Gemeinde Hopfgarten im Brixental 54
Bild 10: Die höchstgelegenen, ehemals unerschlossenen Höfe am Versellerberg in Außervillgraten 55
Bild 11: Die unerschlossenen Höfe Durach in Außervillgraten 68
Bild 12: Unerschlossene Höfe in Kaisers Anfang Juni 1987 70
Bild 13: Verfallener unerschlossener Hof am Kaunerberg 72
Bild 14: Hoferschließungswege dienen als Basis für die Erschließung der Almen und des Waldes 84

Bild 15: Aufgabe von landwirtschaftlich genutzten Flächen in Mitteregg, Gemeinde Berwang 90
Bild 16: Weiler Übersachsen, Gemeinde Tösens im Oberinntal um 1930 96
Bild 17: Weiler Übersachsen, Gemeinde Tösens im Oberinntal (1988) 96
Bild 18: Ausgebauter Heustadel, der als Zweitwohnsitz genutzt wird (Stummerberg im Zillertal) 109
Bild 19: Gattererberg, Gemeinde Stummerberg im Zillertal 116
Bild 20: Zersiedeltes Berggebiet in Kappl im Paznauntal 121
Bild 21: Hoher Flächenverbrauch durch den Erschließungsweg in Unterwalden, Gemeinde Außervillgraten 123

Tabellenanhang

1 Unerschlossene Bergbauernhöfe nach Gemeinden (1966 bis 1989) 139
2 Die Abnahme der unerschlossenen Höfe seit 1966 145
3 Die absolute Höhe der unerschlossenen Höfe 1966 146
4 Die relative Höhe der unerschlossenen Höfe 1966 146

Vorwort

Bis zum Beginn der sechziger Jahre stellte sich das Straßennetz im Bergsiedlungsraum in einem völlig unbefriedigenden Zustand dar. Eine Vielzahl von Bergbauernhöfen, die seit Jahrhunderten die Bewirtschaftung gewährleisteten, waren nur unzureichend an das öffentliche Straßennetz angeschlossen, ein Großteil war überhaupt nur zu Fuß erreichbar. Die mangelhafte Erschließung erschwerte die Bewirtschaftung der landwirtschaftlichen Betriebe, je stärker der Verkehr an Bedeutung gewann wurde dies offensichtlich. Der wirtschaftliche Aufschwung, der in den sechziger Jahren verstärkt einsetzte, veränderte die Lebens- und Arbeitsbedingungen der Bergbauern in bedeutender Weise. Die zunehmende außeragrarische Tätigkeit der Bergbauern, die Motorisierung und Mechanisierung in der Landwirtschaft führten dazu, daß der Erreichbarkeit des Hofes verstärkt Bedeutung beigemessen werden mußte. Es wurde auch von politischer Seite erkannt, daß die Entsiedlungsgefahr mit der Unerschlossenheit und der peripheren Lage der Höfe stark ansteigt. Die Straßenverbindung zum Hof muß als eine unerläßliche Voraussetzung für die Sicherung der Mindestbesiedlung und für die Erhaltung der Kultur- und Erholungslandschaft angesehen werden.

Der vorliegende Band der Innsbrucker Geographischen Studien ist aus einer Dissertation hervorgegangen, die im Jahr 1990 abgeschlossen wurde. Um die Aktualität zu gewährleisten, wurden die Ergebnisse der Volkszählung 1991 und die aktuellen Zahlen der Abteilung für Güter- und Seilwegebau beim Amt der Tiroler Landesregierung in die Arbeit miteinbezogen und interpretiert sowie die Tabellen mit neuen Daten ergänzt.

Für die Erstellung dieser Arbeit, die einerseits die Erschließung der Bergbauernhöfe in ihrer räumlichen und zeitlichen Differenzierung sowie die Auswirkungen der Höfeerschließung auf den Bergsiedlungsraum zum Inhalt hat, bin ich einer großen Zahl von Personen zu Dank verpflichtet. Vor allem und besonders meinem akademischen Lehrer Herrn Univ.-Prof. Mag. Dr. A. Leidlmair, der die Anregung zu diesem Thema gab und die Aufnahme dieser Arbeit in die Innsbrucker Geographischen Studien unterstützt hat.

Ein besonderes Dankeschön Herrn Mag. Dr. W. Keller für die Durchsicht des Manuskriptes und seine Bemühungen im Rahmen der Schriftleitung. Bei der kartographischen Bearbeitung der Karten und Tabellen fand ich Unterstützung bei Herrn Helmut Heinz-Erian und Herrn Julian Stumreich.

Die zur Erfassung der unerschlossenen Höfe und der Erschließungstätigkeit notwendigen Unterlagen wurden mir vom Amt der Tiroler Landesregierung Abt. III d/1 zur Durchsicht zur Verfügung gestellt; bei Frau I. Mayr möchte ich mich an dieser Stelle für ihr Entgegenkommen herzlich bedanken.

Große Hilfe fand ich auch bei Herrn R. Zust von der EDV-Abteilung der Landesregierung und Herrn Dr. A. Lochs vom Rechenzentrum der Universität Innsbruck. Herrn Univ.-Prof. Dr. H. Penz und Herrn Dr. F. Hatzl vielen Dank für ihre Aufgeschlossenheit.

Von Gemeindesekretären, Bürgermeistern, besonders aber von vielen Menschen im Berggebiet erhielt ich wertvolle Informationen. Ohne die bereitwillige Einstellung dieser Auskunftspersonen wären Aussagen zu den Auswirkungen der Höfeerschließung, die mittels eines Fragebogens erhoben wurden, nicht möglich gewesen.

In herzlicher Dankbarkeit fühle ich mich meiner Frau Judith und meinen beiden Kindern Bernhard und Barbara verbunden, die durch ihre rücksichtsvolle Einstellung sehr zum Zustandekommen dieser Arbeit beigetragen haben.

Innsbruck, im Juli 1995   Franz Riegler

1. Einführung in die Problematik und Ziel der Arbeit

Tirol ist zur Gänze ein „Land im Gebirge", aber trotzdem durchgängig. Obwohl dies der verkehrsgeographischen Lage zugute kommt, sind damit reliefbedingte Nachteile verbunden, welche die Anlage eines flächendeckenden Straßennetzes verhindern. So bedarf es manchmal Umwege von 100 km und mehr, um mit dem Auto von einem Tal in das andere zu kommen. Noch in der Mitte des vorigen Jahrhunderts verteilte sich der Verkehr viel gleichmäßiger auf die Haupt- und Nebentäler Tirols, mit dem Ausbau des Eisenbahnnetzes ab 1858 und dem Ausbau der Straßen nach dem Beginn der Motorisierung verlagerte er sich auf die Haupttalzüge. Der Saumverkehr über die Pässe und Jöcher kam zum Erliegen, etliche Bergsiedlungen wurden vom Verkehr ausgeschlossen, und viele Bauern, die davon profitiert hatten, verloren ihre Nebeneinnahmen und wanderten ab. Erst der Straßenbau in den letzten Jahrzehnten hat auch die entlegenen Seitentäler und den bergbäuerlichen Siedlungsraum für den modernen Verkehr erschlossen, sodaß sich die Frage stellt, inwieweit dadurch die Verluste der Agrargesellschaft – insbesonders in den abseitigen Hochlagen – zum Stillstand kamen oder nach wie vor zunehmen.

Ein Versuch, für einen großen Raum die Wirkung der Verkehrslage auf das Schicksal bergbäuerlicher Betriebe zu untersuchen, wurde von *Ulmer* 1942 in seinem Buch „Die Bergbauernfrage" unternommen. Er konnte nachweisen, daß die Anzahl jener landwirtschaftlichen Betriebe, die seit den sechziger Jahren des vergangenen Jahrhunderts aufgelassen wurden, mit der Ungunst der Verkehrslage kräftig anstieg, was vor allem jene an der oberen Siedlungsgrenze betraf. Neben der relativen Höhenlage einer Gemeinde spielten auch die Siedlungsweise, das Erbrecht und damit im Zusammenhang die Betriebsgröße eine Rolle.

Das Interesse der vorliegenden Arbeit gilt jenem peripheren Siedlungsraum in Tirol, der nach dem Ende des Zweiten Weltkrieges noch nicht erschlossen war. Sie befaßt sich mit dem Verlauf der Erschließungstätigkeit und ihren Auswirkungen, wobei mit Erschließung der Anschluß an das öffentliche Straßennetz verstanden wird. Es geht somit um jenen Raum, in dem Höfe liegen, die von offizieller Stelle als Bergbauernbetriebe eingestuft sind.

Zunächst sollen die strukturellen Veränderungen, die heutige Situation in der Tiroler Landwirtschaft und die Zusammenhänge zwischen Bergbauerntum und Fremdenverkehr zur Sprache kommen, um jene Rahmenbedingungen aufzuzeigen, unter denen die Verkehrserschließung erfolgte. Auf diese Weise können spezifische Unterschiede zwischen einzelnen Regionen bzw. Gemeinden, was den zeitlichen Ablauf der Erschließung oder die derzeitige Lage der untersuchten Höfe betrifft, deutlich gemacht werden. Die darauffolgenden Ausführungen sind den möglichen Ursachen der Unerschlossenheit sowie der Bedeutung und Funktion des Straßennetzes im bergbäuerlichen Siedlungsraum gewidmet.

Ein wesentlicher Teil der Arbeit hat den zeitlichen Ablauf der Erschließungstätigkeit nach dem Zweiten Weltkrieg zum Inhalt. Ausführlich wird dabei auf die räumliche Verteilung der ehemals und heute noch unerschlossenen Höfe eingegangen, aber nicht bloß, um den zeitlichen Verlauf der Erschließung zu beschreiben; was es nötig machte, jenen Bedingungen und Hintergründen nachzugehen, welche die Unterschiede im Ablauf der Erschließungstätigkeit sei es räumlich oder zeitlich bewirkt haben könnten. Im Zusammenhang damit sind die Hinweise auf die siedlungs-, wirtschafts- und naturgeographischen Bedingungen in erster Linie auf die Betriebserschwernis, zu sehen. Damit werden die ökologischen Grundlagen zu den ökonomischen Motiven des Menschen als gestaltende Kraft im Bergsiedlungsraum in Beziehung gesetzt.

Der zweite große Abschnitt beschreibt die Auswirkungen, die der Ausbau des Verkehrsnetzes für die Menschen in den Bergsiedlungen zur Folge gehabt hat. Eine Befragung in 550 vorwiegend bäuerlichen Haushalten sollte darüber Auskunft geben, wobei schwerpunktmäßig die Erreichbarkeitsverhältnisse, die Erwerbstätigkeit, die agrarökonomische Struktur, die Siedlungstätigkeit und die Bevölkerungsentwicklung sowie der Fremdenverkehr und die Bildungsbeteiligung angesprochen wurden.

Neben den vielen erfreulichen Auswirkungen, welche die Verkehrs- und Höfeerschließung mit sich gebracht hat, galt es auch, negative Folgeerscheinungen zu berücksichtigen.
Insgesamt zeichnete sich als Ergebnis ab, daß die Höfeerschließung – bei allen regionalen Unterschieden – durch die bessere Erreichbarkeit von Wohn- und Arbeitsplätzen die Weiterbesiedlung und Weiterbewirtschaftung des Berggebietes erleichtert und damit gesichert hat.

Bei der Problematik, die der Transitverkehr heute in Tirol innehat, fällt es nicht ganz leicht, sich unbefangen mit dem Thema Verkehr und Verkehrserschließung auseinanderzusetzen. Umso mehr war es erforderlich, die im Rahmen der Erhebungen gemachten persönlichen Eindrücke vor dem Hintergrund der wirtschaftlichen Entwicklung im Berggebiet zu interpretieren.

2. Die Landwirtschaft Tirols in der Herausforderung der Gegenwart

Die Industrialisierung vor dem Zweiten Weltkrieg hat in Tirol wohl wirtschaftliche Veränderungen hervorgerufen, die traditionellen agrargesellschaftlichen Verhaltensweisen blieben jedoch bis in die Zeit nach dem Krieg im Bergsiedlungsraum nahezu überall erhalten (vgl. dazu *Furrer* 1980, *Holzberger* 1980; *Leidlmair* 1976, 1978, 1981; *Lichtenberger* 1979, 1981; *Penz* 1975; *Ruppert* 1971).
Konnten sich bis in die Mitte des 20. Jahrhunderts die Mithilfe der Familienmitglieder am Hof und, besonders im Anerbengebiet, die Gesindewirtschaft noch halten, begann mit dem Wirtschaftsaufschwung um 1960 eine neue Phase des Strukturwandels. Den Abbau der räumlichen Isolierung hat der Übergang von der Selbstversorgerwirtschaft zur Marktwirtschaft erzwungen. Der maschinell gut ausgestattete „Einmannbetrieb" hat sich auch in der Berglandwirtschaft, wo es ebenso wie bei vielen Talbetrieben zu einem drastischen Rückgang der Landarbeiter und mithelfenden Familienmitglieder gekommen ist, durchgesetzt. In vielen Gemeinden trug der Aufschwung des Tourismus dazu bei, daß so mancher der bäuerlichen Wirtschaft den Rücken kehrte. Während in der Industrie und im Gewerbe die regionalen Zentren und Talgemeinden Ausgangspunkte des sozioökonomischen Wandels waren, ging er im Fremdenverkehr von den Talschlüssen aus.
Vor dem Zweiten Weltkrieg verringerte sich die Bevölkerung in allen Bezirken etwa gleich stark, danach kam es zu deutlichen Unterschieden, wobei die Regionen mit ihren unterschiedlichen Erbsitten verschieden reagierten. Am schwierigsten ist es für die Bergbauern in jenen Gebieten, die außerhalb der zumutbaren Tagespendelzone und abseits von Fremdenverkehrsgebieten liegen, wie dies für das obere Lechtal, das Obere Gericht und die Nebentäler in Osttirol mit Ausnahme von St. Jakob i. Defereggen zutrifft.

In den siebziger Jahren begann, verursacht durch den Wirtschaftseinbruch nach dem Ölschock, die Sogwirkung der Industrie nachzulassen. Nun erkannte man auch die bedeutende Leistung des Bergbauern zur Landschaftserhaltung, was in einer gezielten Bergbauernförderung ihren Niederschlag fand. Die Abwanderung aus dem Berggebiet bedingt nicht selten ein Auflassen bewirtschafteter Flächen, was zu einem raschen Landschaftsverfall führt. Brachflächen und die oft nicht mehr gemähten Bergmäder beeinträchtigen das Landschaftsbild und vermindern auf Dauer den Erholungswert des Landes. Besonders im Außerfern (*Kätzler* 1977, *Greif* und *Schwackhöfer* 1979) ist der Nutzungsverfall beträchtlich.
Symptome des Strukturwandels in der Landwirtschaft sind u. a. die Zahl der dem primären Bereich zuzurechnenden Wohnbevölkerung, die Anzahl der landwirtschaftlichen Betriebe und der Rinderhalter sowie das Verhältnis von Voll- und Nebenerwerbsbetrieben. Dabei ist erforderlich, die vorhandenen Daten nicht nur bezirksweise darzustellen, sondern auch nach kleinräumigen Einheiten – wie Talschaften oder Kleinregionen. Um die Entwicklungen deutlich zu machen, wurde im folgenden meist der Zeitraum ab 1960 gewählt, weil die Erschließung vieler Bergbauernhöfe ab den sechziger Jahren in verstärktem Ausmaß vorangetrieben wurde.

2.1 Die Abnahme der Agrarbevölkerung und der Agrarquote

Um 1960 war die Zahl der Wohnbevölkerung, die der Land- und Forstwirtschaft zuzurechnen ist, ungefähr dreieinhalbmal so hoch wie heute. Nach einer allmählichen Umschichtung in der Zwischenkriegszeit, die sich verstärkt während der fünfziger Jahre fortsetzte, kam es nach 1960 zu einem starken Umbruch im beruflichen Gefüge, sodaß die Agrarbevölkerung Tirols zwischen 1961 und 1991 von 86.227 auf 24.625 zurückging. Die größten Verluste traten hierbei im Jahrzehnt zwischen 1971 und 1981 ein (ÖSTZ, Volkszählungsergebnisse 1961, 1971, 1981, 1991). Während der Anteil der Wohnbevölkerung aus der Land- und Forstwirtschaft an der Gesamtbevölkerung im Jahr 1951 noch 26 % betrug, ist er nunmehr auf 3,9 % gesunken.

1951 lebten in den Bezirken Lienz 43 und Imst 40 % der Bevölkerung von der Landwirtschaft, während es in Innsbruck-Land 25 und Kufstein 27 % waren. Am höchsten ist heute die Agrarquote in Osttirol mit 8,3 Prozent und im östlichen Nordtirol mit 6,2 %, somit in zwei Gebieten mit sehr gegensätzlichen Voraussetzungen. Während in Osttirol der vor sich gehende Prozeß der Umstrukturierung aufgrund der unzulänglichen wirtschaftlichen Basis erst mäßig fortgeschritten ist, sind im östlichen Teil Nordtirols die naturgegebenen Voraussetzungen und die Flächenausstattung der Betriebe besser und das Arbeitsplatzangebot im außeragrarischen Bereich günstiger.

Kennzeichnend für den Rückgang der Agrarbevölkerung ist somit ein deutlicher Ost-West-Gegensatz, der schon im Zeitraum von 1961 bis 1971 bestand und bis heute weiter anhält.

Tab. 1: Die Agrarbevölkerung in Tirol

Bezirk	1961 abs.	1971 abs.	Veränderung 1961–1971 in Prozent	1981 abs.	Veränderung 1971–1981 in Prozent	1991 abs.	Veränderung 1981–1991 in Prozent
Imst	8.657	4.488	−48,2	2.188	−51,2	1.305	−40,3
Innsbruck-Stadt	1.339	978	−27,0	704	−28,0	589	−16,3
Innsbruck-Land	15.242	10.019	−33,8	6.169	−38,4	4.194	−32,0
Kitzbühel	10.692	8.028	−25,0	5.208	−35,0	3.851	−26,0
Kufstein	11.970	9.265	−22,6	6.560	−29,2	4.626	−29,5
Landeck	7.858	4.297	−45,3	1.940	−54,9	1.199	−38,2
Lienz	14.208	10.772	−24,2	6.316	−41,3	3.994	−36,8
Reutte	4.901	2.083	−57,5	948	−54,5	679	−26,4
Schwaz	11.460	8.542	−25,5	5.701	−33,2	4.215	−26,1
TIROL	86.227	58.462	−32,2	35.743	−38,9	24.625	−31,0

Quelle: ÖSTZ, Volkszählungsergebnisse 1961, 1971, 1981, 1991

Extrem groß – nämlich von 21.416 auf 3.183 (−85 %) Personen – war die Abnahme im westlichen Teil Tirols. Sehr deutlich kommen darin die Folgen der kleinbäuerlichen Struktur zum Ausdruck, welche die Menschen zur Aufnahme eines Nebenerwerbs zwingt. Die Abnahmen im mittleren Teil Tirols entsprechen dem landesweiten Durchschnitt. Im Unterschied zu den anderen Bezirken hat sich in Lienz die Agrarbevölkerung von 1971 bis 1981 in einem größerem Ausmaß verringert als im Jahrzehnt zuvor (1961 bis 1971: −24,2 % ; 1971 bis 1981: −41,3 %). Offensichtlich hat sich die Stauwirkung der vorangegangenen Jahre gelöst, die Abnahme der landwirtschaftlichen Bevölkerung setzte verstärkt ein und liegt seit nunmehr zwei Jahrzehnten über dem Tiroler Durchschnitt.

Neben dem Rückgang bei der Agrarbevölkerung hat auch die Landwirtschaft als Arbeitsplatz und Einkommensquelle stark an Bedeutung verloren. So bewirtschafteten Ende der fünfziger Jahre noch 7 von 10 Familien im oberen Lechtal einen landwirtschaftlichen Betrieb. Die Landwirtschaft war somit die wichtigste Lebensgrundlage für einen Großteil der Bevölkerung, wenn auch nur wenige Familien alleine davon leben konnten. Ende der siebziger Jahre betrieben hingegen nur mehr 4 von 10 Familien eine Landwirtschaft, wobei die Einnahmen daraus meist eine untergeordnete Rolle spielten (Regionales Entwicklungsprogramm für den Planungsraum 7, 1983).

In verschiedenen Berggemeinden Tirols hat sich die Zahl der Erwerbstätigen in der Landwirtschaft von 1961 bis 1981 sehr verringert, so z. B. in St. Veit im Defereggen um – 48 % und in St. Leonhard im Pitztal um – 30 %. Allerdings zeigt sich hierbei nicht ein Verfallsprozeß, sondern eher eine Umschichtung der ursprünglich agrarisch Erwerbstätigen zum Pendlertum.

2.2 Landwirtschaftliche Betriebe und Rinderhalter

Die starke Entagrarisierung zeigt sich daran, daß die Zahl der land- und forstwirtschaftlichen Betriebe zwischen 1960 und 1990 um 5627 oder 22 % zurückging. Im Jahrzehnt von 1970 bis 1980 wurden 2688 Betriebe aufgelassen (– 11 %), von 1980 bis 1990 nur mehr 1174 (– 5,6 %). Damit wird deutlich eine Parallele zu der bereits erwähnten Entwicklung der Agrarbevölkerung sichtbar. In Osttirol betrug der Rückgang von 1960 bis 1990 – 7,6 %, wobei nach der amtlichen Statistik von 1980 bis 1990 die Zahl der landwirtschaftlichen Betriebe um 2 % zunahm (Tirol: – 7,0 %).

Die höchsten Abnahmeraten seit 1960 mit mehr als 30 % betrafen jene Gebiete, in denen sich das Arbeitsplatzangebot relativ gut entwickelt hat: Imst und Miemunger Plateau, Reutte und Umgebung, Zirl bis Telfs und das Defereggental.

Die Regionen mit den geringsten Verlusten an landwirtschaftlichen Betrieben sind dagegen: die Untere Schranne, das Sellraintal, das hintere Zillertal, das Brixental, das obere Iseltal, das Osttiroler Pustertal und das Villgratental. Bei den in den letzten Jahren aufgelassenen Höfen handelt es sich vorwiegend um Klein- und Nebenerwerbsbetriebe, die von jeher unter ungünstigen Bedingungen arbeiten mußten. Durch den Beitritt Österreichs zur Europäischen Union wird die Zahl der landwirtschaftlichen Betriebe aller Voraussicht nach weiterhin sinken.
Bei der land- und forstwirtschaftlichen Betriebszählung werden auch Grundbesitzer erfaßt, die längst keinen Boden mehr bewirtschaften. Um den der Realität entsprechenden Wandel erfassen zu können, ist daher die Zahl der rinderhaltenden Betriebe repräsentativer, da im alpinen Raum,

Tab. 2: Landwirtschaftliche Betriebe und Rinderhalter

Region/Tal	Abnahme in Prozent	
	landwirtschaftliche Betriebe (1960 – 1980)	rinderhaltende Betriebe (1965 – 1985)
Stanzer Tal	– 20	– 33
Zwischentoren	– 19	– 69
Oberes Lechtal	– 23	– 42
Ötztal	– 20	– 35
Mittleres Inntal	– 13	– 45
Wipptal	– 16	– 17
Hinteres Zillertal	– 6	– 9
Brixental	– 6	– 14
Untere Schranne	– 2	– 24
Defereggental	– 29	– 30
Villgratental	– 1	– 7

Quelle: ÖSTZ, Land- und forstwirtschaftliche Betriebszählung 1960, 1980, Allgemeine Viehzählung 1965, 1985

wo Grünlandwirtschaft vorherrscht, das Aufgeben der Rinderhaltung eine einschneidende Veränderung im Betrieb und in der Lebensweise des Betreibers darstellt. Die größten Unterschiede zwischen den Abnahmeraten der Betriebe und jenen der rinderhaltenden Betriebe treten im Realteilungsgebiet Westtirols und im industriell stark entwickelten mittleren Inntal auf, im Unterinntal im Zillertal und im Kitzbüheler Raum sind sie weniger stark ausgeprägt.

Weil die Aufgabe der Rinderhaltung nicht unbedingt mit dem Verlassen des Hofes verbunden sein muß, empfiehlt es sich, beide Daten zu berücksichtigen.

Wie beträchtlich die Werte innerhalb des Landes voneinander abweichen können, geht z. B. daraus hervor, daß die Zahl der Rinderhalter im Gebiet Zwischentoren dreieinhalbmal so stark abnahm als im Raum Brixlegg-Alpbach, obwohl hier wie dort die Betriebsauflassungen prozentuell gleich hoch waren. Generell ist jedoch der Rückgang der Rinderhalter wesentlich höher als jener der landwirtschaftlichen Betriebe. Für diese Diskrepanz können folgende Gründe ausschlaggebend sein: Verbundenheit mit dem Betrieb, Sicherheitsstreben, Waldbesitz und Nutzungsrechte, Bodenspekulation (Fremdenverkehrsgebiete) und Umstellung auf Schafhaltung. Im Westen Tirols fällt die Aufgabe der Rinderhaltung leichter, zumal es sich hier zu einem großen Teil um Klein- und Kleinstbetriebe mit nur wenigen Stück Vieh handelt.

Um die Zahl der landwirtschaftlichen Betriebe bzw. der Rinderhalter differenzierter zu betrachten, wurden auf Basis der einzelnen Bezirke, Talschaften und Kleinregionen die Veränderungen nach Bewirtschaftungserschwernis und Fremdenverkehrsintensität untersucht. Bemerkenswert ist, daß die Zahl der Rinderhalter, in geringerem prozentuellen Ausmaß auch die der landwirtschaftlichen Betriebe, in den Gemeinden mit hoher bis extremer Erschwernis – nach der Typisierung der ÖROK – bedeutend weniger rasch abnahm als in jenen mit geringer bis mittlere Erschwernis (vgl. Tab. 3). Zu dem gleichen Ergebnis für das gesamte österreichische Bundesgebiet kam auch *Penz* (1986, 1989). Dies hängt wohl damit zusammen, daß die Bergbauerngemeinden größtenteils peripher liegen, sich „urbane" Wertvorstellungen nicht so schnell durchsetzen konnten und so traditionelle agrargesellschaftliche Verhaltensweisen, die den Fortbestand der Berglandwirtschaft begünstigen, z. T. bis heute gültig blieben (*Penz* 1986, 157).

Tab. 3: Die Abnahme der landwirtschaftlichen Betriebe (1960 – 1980) und der Rinderhalter (1965 – 1985) in Prozent

Bezirk	Rinderhalter			Landwirtschaftliche Betriebe		
		Erschwernis			Erschwernis	
	gesamt	gering	hoch	gesamt	gering	hoch
Landeck	26,4	39,7	23,1	16,1	34,1	13,9
Imst	34,1	41,5	26,6	21,6	29,4	10,8
Reutte	52,1	54,4	48,7	25,9	34,0	14,7
Innsbruck	34,4	39,8	18,5	24,6	30,6	12,1
Schwaz	18,7	25,7	9,8	12,8	16,1	7,7
Kitzbühel	22,1	29,7	15,2	10,3	10,0	12,2
Kufstein	24,1	28,6	14,8	14,4	19,9	6,5
Lienz	21,8	25,8	20,1	9,7	14,2	4,2
TIROL	29,4	35,0	21,5	17,6	24,9	9,9

Quellen: Allgemeine Viehzählung 1965, 1985; ÖSTZ, Land- und forstwirtschaftliche Betriebszählung 1960, 1980; ÖROK 1981; eigene Berechnungen

Die relativ geringen Rückgänge bei den Rinderhaltern im extrem gelegenen Berggebiet Tirols bestätigen sich auch im Detail. So liegen in folgenden typischen Bergbauerngemeinden die Verlustraten der Rinderhalter besonders weit unter dem Bezirksdurchschnitt:

Bezirk Landeck:	Fendels, Fliess, Fiss, Flirsch, Kaunerberg, Kaunertal, Kauns, Tobadill
Bezirk Imst:	Wenns
Bezirk Reutte:	Gramais, Hinterhornbach, Holzgau, Kaisers, Namlos, Steeg, Jungholz, Schattwald, Zöblen
Bezirk Innsbruck-Land:	Gries a. Brenner, Gschnitz, Navis, Obernberg, Schmirn, Vals, Ellbögen, Wattenberg
Bezirk Schwaz:	Brandberg, Gerlos, Gerlosberg, Stummerberg, Steinberg a. Rofan, Tux
Bezirk Lienz:	Außervillgraten, Innervillgraten, Ober- und Untertilliach, Iselsberg-Stronach

Obwohl im ganzen Land die Zahl der rinderhaltenden Betriebe kleiner wurde, betrifft dies generell nicht jene der Rinder. So nahm diese von 1959 bis zum Ende der achtziger Jahre in den drei Bezirken Kitzbühel, Kufstein und Schwaz sogar um rund 30 % zu, und zwar mit Spitzenwerten von +55 % im vorderen Zillertal (SITRO, 1988). Im Gegensatz dazu ist sie im Realteilungsgebiet Westtirols mit seinem hohen Nebenerwerbsanteil um 10.555 Stück oder 22 % zurückgegangen. Beachtenswert gestiegen ist die Zahl der gehaltenen Schafe, nämlich von 39.000 im Jahr 1960 auf 85.000 im Jahr 1991. Diese Steigerung wird wohl mit der geringeren Arbeitsbelastung der Schafhaltung gegenüber der Rinderhaltung, vielleicht auch mit der gesteigerten Nachfrage nach Schaffleisch und Zuchtschafen im Zusammmenhang stehen.

Zweifellos spielt der Fremdenverkehr bei den Überlebenschancen der bäuerlichen Betriebe eine Rolle. Eine von *Penz* (1986) durchgeführte Untersuchung zeigte, daß in den Fremdenverkehrsgebieten eine deutlich geringere Abnahme bei den rinderhaltenden Betrieben erfolgt als in den Gebieten mit nur einem geringen Gästeaufkommen. Allerdings gilt dies nur mit der Einschränkung, daß dort, wo man sich allzusehr auf den Tourismus eingestellt hat (wie z. B. in Sölden, Seefeld oder Neustift i. Stubai), die Sogwirkung auf die, in der Landwirtschaft tätige Bevölkerung so groß ist, daß von einer stabilisierenden Wirkung nicht mehr die Rede sein kann. Auf die Zusammenhänge zwischen Fremdenverkehr und Berglandwirtschaft soll in einem späteren Zusammenhang noch näher eingegangen werden (*Kap.* 3).

2.3 Betriebswirtschaftliche Ausrichtung und sozioökonomische Struktur

Der knappe Boden und seine schwierige Bearbeitung sowie die in den westlichen Realteilungsgebieten besonders ungünstige Betriebsstruktur zwangen schon früh so manchen Bergbauern, sich um einen außeragrarischen Nebenerwerb umzusehen. Rein agrarischen Möglichkeiten einer Einkommenssteigerung, etwa durch Betriebsaufstockung und technische Rationalisierung, sind im Vergleich zu den Talbauern Grenzen gesetzt.

Im Zuge der Untersuchungen wurde deutlich, daß der Neben- bzw. Zuerwerb von den Landwirten selbst in zunehmendem Maß als Dauerform angesehen wird und damit als bleibendes Element in der Berglandwirtschaft Tirols betrachtet werden kann. Der Fremdenverkehr und das von ihm abhängige Gewerbe sowie die Erwerbsmöglichkeiten im Bereich zumutbarer Pendelentfernungen haben in vielen ehemals armen Berggemeinden die Möglichkeit dazu geschaffen.
Die schon mehrfach angesprochenen Unterschiede des Erbrechts brachten es mit sich, daß im westlichen Teil Tirols der Anteil der Vollerwerbsbetriebe sehr gering war, während im nordöstlichen Teil des Landes mit dem Anerbenrecht die Vollerwerbsbetriebe vorherrschend waren. Diese Unterschiede haben sich im Zeitraum von 1960 bis 1990 noch verstärkt. Die höchste prozentuelle Abnahme bei den Vollerwerbsbetrieben ist in den Bezirken Landeck (– 28 %),

Lienz (– 25 %) Imst (– 21 %) und Reutte (– 19 %) festzustellen, Kufstein hat mit – 10 % von den Landbezirken die geringste Abnahmerate zu verzeichnen (vgl. *Tab.* 4). Im Westtiroler Bereich weisen heute wie im Jahr 1960 das Innerötztal, die Sonnenterrasse bei Serfaus und das Mieminger Plateau die höchsten Werte an Vollerwerbsbetrieben auf. Im Bezirk Innsbruck-Land lebten 1960 im Sellraintal, Wipptal und im südöstlichen Mittelgebirge noch 50 % der Bauern ausschließlich von der Landwirtschaft.

Tab. 4: Prozentanteil der Vollerwerbs- (VE) und Nebenerwerbsbetriebe (NE) nach Bezirken

Bezirk	1960		1970		1980		1990	
	VE	NE	VE	NE	VE	NE	VE	NE
Innsbruck-Stadt	30,2	58,5	33,1	57,1	36,2	53,4	23,2	64,5
Imst	35,5	41,7	29,8	41,1	22,3	67,4	14,6	80,4
Innsbruck-Land	45,8	35,4	45,6	38,8	35,1	54,0	31,2	61,7
Kitzbühel	56,9	30,4	51,2	34,0	46,6	41,4	41,0	50,5
Kufstein	50,7	33,1	51,2	34,0	46,7	41,5	40,5	48,1
Landeck	36,2	42,1	30,6	44,3	15,2	73,8	8,3	87,0
Lienz	53,0	27,9	48,1	36,4	39,7	48,8	27,8	59,3
Reutte	27,8	51,8	24,6	56,4	11,3	81,1	9,3	85,7
Schwaz	54,5	28,8	50,4	35,9	46,6	42,4	40,7	48,6
TIROL	45,1	36,5	42,3	39,8	34,3	54,8	28,2	63,2

Quelle: SITRO-Datenbank, unveröffentlichter Ausdruck 1988, Land- und forstwirtschaftliche Betriebszählung 1990, Länderheft Tirol

Den größten Anteil an Bauern, die 1960 ihre Landwirtschaft im Vollerwerb betrieben, gab es mit 78 % im Villgratental, wo auch 1980 der Höchstwert von Tirol mit 65 % erreicht wurde. Zu Beginn der neunziger Jahre arbeiteten dort jedoch nur mehr knapp 30 % ausschließlich in der Landwirtschaft. Im hinteren Zillertal liegt der Anteil über der Hälfte und damit heute wie früher etwa 20 % über dem Tiroler Durchschnitt. Im beruflichen Strukturwandel spiegelt sich die allgemeine wirtschaftliche Entwicklung des Landes wider, doch werden die Gemeinden unterschiedlich davon betroffen. So hat dieser Wandel in den regionalen Zentren bzw. in den Fremdenverkehrsgebieten zu einer positiven Entwicklung geführt, in peripheren Räumen dagegen bei weitem nicht so starke Veränderungen bewirken können.

Nicht unberücksichtigt bleiben darf die in den letzten drei Jahrzehnten gestiegene Zahl der Rentnerbetriebe, die zu einer allgemein höheren Nebenerwerbsdichte beiträgt. Mehr als ein Viertel aller landwirtschaftlichen Betriebe im westlichen Teil Tirols ist als Rentnerbetrieb einzustufen. Dieser hohe Anteil zeigt, daß die Übernahme des zumeist kleinen landwirtschaftlichen Anwesens für die nachrückende Generation immer weniger attraktiv ist und erst relativ spät erfolgt. In den Bezirken Kufstein und Kitzbühel dagegen, wo aufgrund der größeren Hofflächen mehr Ertrag erwirtschaftet werden kann, ist für die Nachkommen des Bauern eine Übernahme des Hofes bedeutend reizvoller. Daher liegt der Anteil der Rentnerbetriebe hier nur bei 15 %. Diese allgemeine Zunahme dürfte unter anderem auch auf die Einführung einer neuen Pensionsregelung für Bauern zurückzuführen sein.

Gebiete mit einer hohen Bewirtschaftungserschwernis haben sich länger als Beharrungsraum erwiesen als jene ohne Erschwernis. Bei der Betriebszählung 1960 war in den Extremgebieten ein bedeutend höherer Anteil an Vollerwerbsbetrieben zu verzeichnen als im Landesdurchschnitt. Seither haben sich die Verhältnisse stark gewandelt. Heute ist dieser Anteil in den Extremlagen kleiner als in den begünstigten Gebieten, was mit der gesteigerten Mobilität, aus welchen Gründen immer, in Zusammenhang zu bringen ist. Nach der letzten Betriebszählung ist im westlichen Teil Tirols und in Osttirol in den Gunstlagen der prozentuelle Anteil an Nebener-

Abb. 1: Anteil der Rentnerbetriebe an den landwirtschaftlichen Betrieben 1990

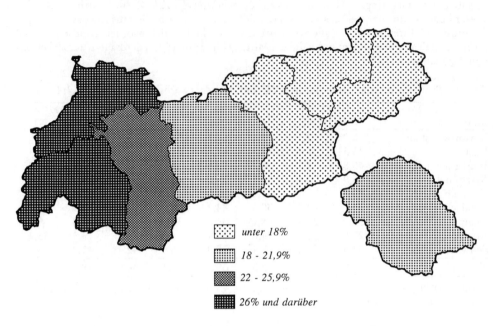

Quelle: Land- und forstwirtschaftliche Betriebszählung 1990, eigener Entwurf

werbsbetrieben höher, in Mitteltirol und im östlichen Nordtirol dagegen in Gemeinden mit hoher Betriebserschwernis.

Mehr als zwei Drittel aller Tiroler land- und forstwirtschaftlichen Betriebe sind auf die Aufnahme von Erwerbsmöglichkeiten außerhalb der Landwirtschaft (Zu- oder Nebenerwerb) angewiesen, womit jedoch auch eine Reihe von Problemen verbunden ist. Das Vorhandensein von Arbeitsplätzen in zumutbarer Entfernung ist eines davon. Es zeigt sich sehr oft, daß Menschen aus der Landwirtschaft wegen des Fehlens einer berufsspezifischen Ausbildung lange Zeit zweitrangige und weniger gut bezahlte Tätigkeiten ausführen (*Höfle* 1982, *Meusburger* 1980).

2.4 *Wirtschaftliche Lage, Arbeits- und Produktionsbedingungen*

Nach Aussagen der Landeslandwirtschaftskammer (1987) entfallen in Tirol auf das Berggebiet rund 90 % der Kulturfläche. 1990 gab es in Tirol 13.612 Bergbauernbetriebe, was einem Anteil von knapp 70 % aller landwirtschaftlichen Betriebe entsprach (Betriebszählung 1990). Von allen österreichischen Bundesländern besitzt Tirol die meisten Bergbauernbetriebe in den Extremzonen 3 und 4. Bei einem Bergbauernbetrieb (= Betrieb in einer der vier Erschwerniszonen) liegen durch das Klima, die äußere und innere Verkehrslage sowie durch die Hanglage besonders erschwerte Lebens- und Produktionsbedingungen vor. Am höchsten ist der Anteil der schwer zu bewirtschaftenden Betriebe in den Bezirken Landeck und Reutte, am kleinsten in Kitzbühel und Kufstein. In Osttirol und im Bezirk Landeck sind 4 von 5 Bauernhöfen den Erschwerniszonen 3 oder 4 zuzuordnen.

Abb. 2: Bergbauernbetriebe nach Erschwerniszonen und Bundesländern – Tirol im Vergleich

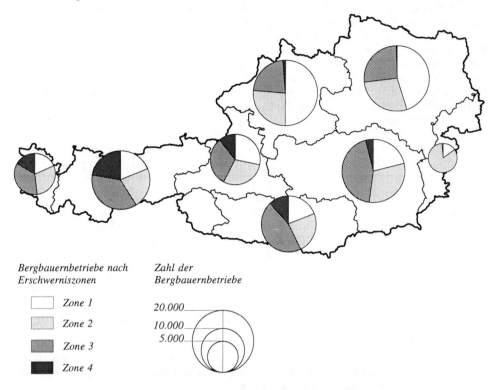

Bergbauernbetriebe nach Erschwerniszonen

- Zone 1
- Zone 2
- Zone 3
- Zone 4

Zahl der Bergbauernbetriebe

20.000
10.000
5.000

Quelle: Bericht über die Tiroler Land- und Forstwirtschaft 1983/84 nach Forschungsbericht 10, Bundesanstalt für Bergbauernfragen

Tab. 5: Bergbauernbetriebe nach Erschwerniszonen

| Bezirk | Bergbauernbetriebe in | | | | | | | | Summe |
| | Zone 1 | | Zone 2 | | Zone 3 | | Zone 4 | | |
	abs.	in %	abs.	in %	abs.	in %	abs.	in %	
Imst	549	32	324	14	550	32	290	17	1.713
Innsbruck Stadt/-Land	271	14	644	34	466	24	592	30	1.973
Kitzbühel	543	31	525	30	616	35	62	4	1.746
Kufstein	445	30	301	20	564	38	175	12	1.485
Landeck	70	4	205	10	943	47	768	39	1.986
Lienz	170	9	269	14	873	44	671	34	1.983
Reutte	243	21	484	41	313	28	131	11	1.171
Schwaz	292	19	220	14	675	43	368	24	1.555
TIROL	2.583	19	2.972	22	5.000	37	3.057	22	13.612

Quelle: Land und forstwirtschaftliche Betriebszählung 1990

In den reliefbedingt schwer zu bewirtschaftenden Bezirken im Westtiroler Realteilungsgebiet überwiegen die Kleinbetriebe. In der folgenden Aufstellung (Tab. 6) wurden je Betrieb die Ackerflächen sowie die mehr- und einmähigen Flächen miteinbezogen. Deutlich hebt sich in

dieser Aufstellung das Anerbengebiet in den Bezirken Kitzbühel, Kufstein und Schwaz von den übrigen Bezirken ab. In diesem Gebiet ist auch der Anteil der Betriebe, die mehr als 10 Hektar aufweisen, deutlich höher als im Realteilungsgebiet: Kitzbühel 27,3 %, Kufstein 22,3 %, Imst dagegen 0,9 %, Landeck 1,6 % (Tiroler Landwirtschaftskataster 1984[1]).
Besser als die Aufteilung der Betriebe nach der bewirtschafteten Fläche eignet sich im Berggebiet die Aufteilung nach der gehaltenen Rinderzahl. Während in Westtirol fast die Hälfte der Rinderhalter nur 1 bis 6 Stück Vieh im Stall hat, sind es in den Höfen des Nordtiroler Unterlandes nur 14 %. Tirolweit haben 28,5 % der rinderhaltenden Betriebe weniger als – 7 – Rinder im Stall. Daß dies als alleinige Einkommensquelle als Familieneinkommen nicht ausreicht, ist verständlich.

Tab. 6: Prozentanteil der Kleinbetriebe

	unter 3 ha	mit 1 bis 6 Rindern
Imst	59,4	46,0
Innsbruck	39,5	25,0
Kitzbühel	19,6	15,0
Kufstein	25,3	13,3
Landeck	55,4	50,1
Lienz	35,8	32,0
Reutte	57,2	44,3
Schwaz	26,5	14,0
TIROL	38,9	28,5

Quelle: Tiroler Landwirtschaftskataster 1984; Land- und forstwirtschaftliche Betriebszählung 1990

Die Höhenlage eines Betriebes ist für seine Anbau- und Ertragsmöglichkeiten mitbestimmend. Betrachtet man die landwirtschaftlichen Betriebe in Tirol nach ihrer Höhenlage, treten in den einzelnen Landesteilen bedeutende Unterschiede auf.
Betriebe unter 600 m gibt es nur in den Bezirken Kufstein (33,5 %), Schwaz (31,0 %), Innsbruck (12,3 %) und Kitzbühel (2,1 %). Im Bezirk Reutte liegen die Betriebe alle über 820 m. Greift man den Anteil der Höfe über 1400 m Seehöhe heraus, werden die extremen Berglagen sichtbar:

Lienz	20,0 %
Landeck	12,0 %
Imst	10,6 %
Innsbruck-Land	5,3 %
Reutte	1,9 %
Schwaz	1,9 %

In den Bezirken Kitzbühel und Kufstein gibt es nur je einen Betrieb über 1400 m Seehöhe. In Tirol liegen 6,7 %, d. h. jeder 15. Betrieb, über 1400 m.

Neben der absoluten ist auch auch die relative Höhenlage der Betriebe von Bedeutung. Zu Höchstlagen von 700 m kommt es im Oberinntal südlich von Landeck, aber auch im unteren Wipptal, im mittleren Unterinntal, im Zillertal und im Iseltal. Im Lechtal dagegen beträgt der Höhenunterschied bloß 300 m, im Brixental 500 m. 27 % der Betriebe liegen oberhalb der Grenze eines rentablen Anbaues von Getreide, und bei etwa 340 Betrieben liefert das Grünland nur einen Schnitt.
80 % des Tiroler Rinderbestandes stehen in den Bergbauernbetrieben der Zonen 1 bis 4, davon fast die Hälfte in den schwer zu bearbeitenden Zonen 3 und 4. Damit wird deutlich, welch große Rolle die Viehzucht in den höheren Siedlungslagen spielt, obgleich der durchschnittliche Rinderbestand mit zunehmender Höhe abnimmt.

Tab. 7: Betriebserschwernis und Rinderbestand je Betrieb

Zone 0 und 1: 19,0 Rinder je Betrieb
Zone 2: 14,4 Rinder je Betrieb
Zone 3: 12,5 Rinder je Betrieb
Zone 4: 10,1 Rinder je Betrieb

Quelle: Bericht über die Tiroler Land- und Forstwirtschaft 1986/87, 145

Im Durchschnitt werden pro Betrieb rund 11 RGVE (Rindergroßvieheinheiten) gehalten, wobei die Bezirke Kitzbühel und Kufstein mit rund 16 RGVE deutlich höhere, die drei Bezirke im Westen mit 5,8 bis 7,0 RGVE deutlich geringere Werte aufweisen. Im Bezirk Landeck halten nur mehr 19 % der Betriebe mehr als 10 Stück Vieh, daher ist es verständlich, daß nur 8 % der Betriebe im Vollerwerb geführt werden. Die meisten Einnahmen bezieht der Tiroler Bauer schon aufgrund der klimatischen Verhältnisse aus der Viehhaltung. Im Anerbengebiet sichert neben dem Viehverkauf vor allem die Milchviehhaltung dem Bauern ein regelmäßiges Einkommen, in den kleinen, vorwiegend im Nebenerwerb geführten Betrieben des Realteilungsgebietes überwiegt die Produktion von Zucht- und Schlachtvieh.

Die Unterschiede von Stadtregion und bergbäuerlichem Siedlungsraum werden beim Merkmal Entfernung zum öffentlichen Verkehrsmittel besonders deutlich. 3000 und somit 15 % aller Betriebe sind über 3 km von der nächsten Haltestelle entfernt, 603 Betriebe oder 2,9 % mehr als 6 km und 65 Betriebe sogar mehr als 10 km (Bericht über die Tiroler Land- und Forstwirtschaft 1983/84). Die Gebiete mit ausgeprägtem Streusiedlungsanteil sind naturgemäß am schlechtesten mit öffentlichen Verkehrsmitteln erreichbar. Wenn immerhin die Hälfte der bergbäuerlichen Bevölkerung mehr als 2 km vom nächsten Lebensmittelgeschäft sowie von der nächstgelegenen Volksschule entfernt wohnt, so kommt hier deutlich die Diskrepanz zwischen dem bergbäuerlichen Siedlungsraum und den begünstigten Talgebieten zum Ausdruck.

Am kürzesten sind die Wege zu einem Hauptort in den Bezirken Kitzbühel und Kufstein, wo 98 bzw. 97 % der Betriebe innerhalb der 20-km-Zone liegen, am weitesten in den Bezirken Imst und Reutte, denn das langgestreckte Ötztal, das Pitztal, sowie das Lechtal verursachen einen hohen Zeitaufwand. Im Bezirk Reutte befinden sich nur 39,2 % aller Betriebe innerhalb der 20-km-Zone, im Bezirk Imst 67,6 % (Tiroler Landwirtschaftskataster 1984).

Bei einer Umfrage, die im Schweizer Berggebiet durchgeführt wurde (*Dönz* 1972), bezeichneten 70 % der befragten Bergbauern die Mechanisierung als größte Veränderung der Bergdörfer in den letzten 20 Jahren. Darin wird ersichtlich, welche Bedeutung dieser Vorgang im bäuerlichen Denken hat. Durch die Möglichkeiten des Maschineneinsatzes kam es zu einer Umbewertung der einzelnen bewirtschafteten Parzellen. Die maschinelle Bearbeitbarkeit ist zum ausschlaggebenden Kriterium geworden.

Noch bis zum Zweiten Weltkrieg stand der Großteil der Berghöfe auf der Stufe überwiegender Handarbeit und des Einsatzes von Zug- und Tragtieren. Am Beginn der Mechanisierung war der Bodenseilzug das wichtigste Arbeitsgerät. Eine weitere bedeutende Erleichterung schuf die Einführung des Motormähers, der Ende der fünfziger Jahre in kaum einem Betrieb fehlte und dessen Einsatz auch heute immer wieder zu beobachten ist. Ein weiterer großer Schritt in der Mechanisierung der Landwirtschaft war getan, als der Traktor verstärkt als Arbeitsgerät Verwendung fand. Während die Zahl der gehaltenen Zugtiere innerhalb weniger Jahre nach 1953 rapide sank, stieg im Gegenzug dazu die Zahl der Traktoren.

Auch im Bergland erhöhte sich durch Einschränkung der Zugviehhaltung bei gleichzeitiger Zunahme des Maschineneinsatzes die Zahl der motorisierten Betriebe, allerdings mit einer Phasenverzögerung gegenüber dem Flachland. Da der Einsatz des Traktors in steilen Hanglagen nur beschränkt möglich ist, brachte zunächst der Motorkarren, später der allradbetriebene Schlepper für die Bergbauern eine wesentliche Arbeitserleichterung. Dieses Fahrzeug konnte

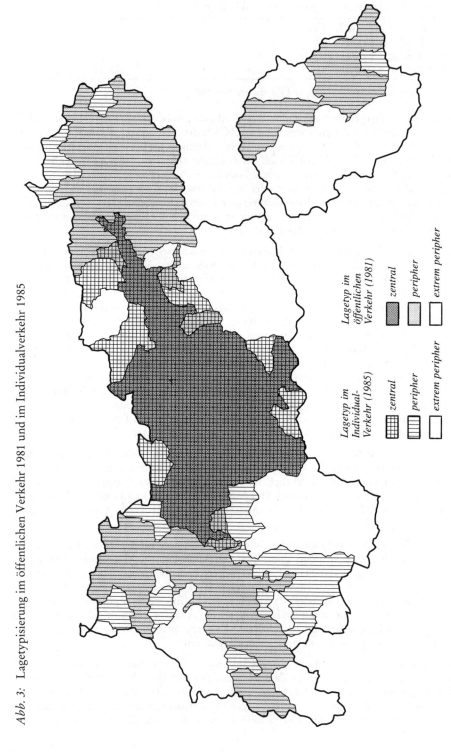

Abb. 3: Lagetypisierung im öffentlichen Verkehr 1981 und im Individualverkehr 1985

Quelle: ÖROK, Erreichbarkeitsmodelle für den öffentlichen und den Individualverkehr
Bearbeitung: Österreichisches Institut für Raumplanung, modifiziert

Abb. 4: Die Entwicklung des Traktor- und Zugviehbestandes in Österreich 1953 – 1966

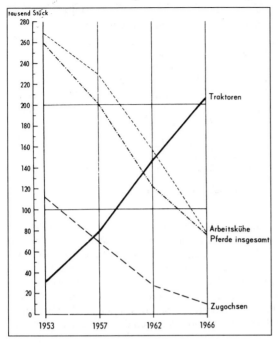

Quelle: ÖSTZ, Ergebnisse der Erhebung landwirtschaftlicher Maschinen und Geräte 1966

neben dem Bodenseilzug und Motormäher auf allen Höfen, unabhängig von ihrer verkehrsmäßigen Erschließung, eingesetzt werden. Mit dem Motorkarren bzw. später mit dem Transporter, der bedeutend geländegängiger und leichter war als der Traktor, waren auch steile und schlecht ausgebaute Wege, sogenannte Karrenwege, zu befahren. Die Verwendung solcher Motorkarren wäre im Gegensatz zu den erst später entwickelten, in den Arbeitsmöglichkeiten doch stark verbesserten Transportern auch auf vielen unerschlossenen Höfen möglich gewesen. Tatsächlich war jedoch vor 1960 der Motorkarren – wahrscheinlich aufgrund der schwachen finanziellen Basis der Höfe – nur sehr wenig verbreitet.

In finanziell bessergestellten Betrieben, vor allem in den Vollerwerbsbetrieben im östlichen Teil Nordtirols, gehört heute der „Mähtrak" – ein niederes Universalfahrzeug mit breiten, profilstarken Reifen – zur modernen Maschinenausstattung. In jenen Bezirken, wo viele Betriebe auf die Erschwernisszone 4 entfallen, ist naturgemäß die Ausstattung mit Traktoren und Motorkarren (später wurden auch die Transporter bzw. geländegängigen Universalfahrzeuge zu dieser Kategorie gezählt) schlechter.

Durch geländegängige Universalfahrzeuge ist es möglich, daß Hänge bis zu einer Neigung von 40 %, bei guten Wetterbedingungen auch darüber, maschinell bearbeitet werden können. Die Einsatzgrenze des Normaltraktors liegt bei einer Hangneigung von 25 %.
Der Anteil des Bestandes an Traktoren und Motorkarren war sowohl im Jahr 1953 als auch 1966 in Osttirol und im Bezirk Landeck am geringsten (vgl. *Tab. 8*). Hier kommen sehr deutlich zwei die Mechanisierung beeinflussende Faktoren zum Ausdruck. Das im Westen Tirols und in Osttirol besonders steile Gelände ließ nur einen beschränkten Einsatz der am Markt befindlichen Maschinen zu. Daß im Jahr 1957 im Bezirk Kufstein fast 20 % der Betriebe mit einem Traktor ausgestattet waren, im Bezirk Landeck dagegen nur 3 %, zeigt aber auch, wie sehr der Kleinbesitz im Realteilungsgebiet den Einsatz von Maschinen erschwerte.

Tab. 8: Traktoren und Motorkarren (Transporter) in den landwirtschaftlichen Betrieben

Bezirk	1953			1966			1982		
	Traktor	Transp.	in % d. Betriebe	Traktor	Transp.	in % d. Betriebe	Traktor	Transp.	in % d. Betriebe
Imst	86	4	2,7	1.019	263	43,3	1.686	521	95,1
Innsbruck	349	10	6,2	2.286	297	47,7	3.004	610	88,5
Kitzbühel	135	13	5,2	1.025	98	48,7	1.992	186	91,2
Kufstein	334	2	9,6	1.889	114	61,2	2.544	453	107,0
Landeck	41	1	1,3	361	463	29,3	732	1.087	77,0
Lienz	55	0	1,6	632	251	28,7	1.187	574	63,3
Reutte	189	7	7,0	1.215	78	55,4	1.571	104	96,8
Schwaz	266	8	8,8	1.212	126	47,7	1.743	639	97,4
TIROL	1.455	42	5,4	9.639	1.690	44,7	14.459	4.174	89,1

Quelle: ÖSTZ, Ergebnisse der landwirtschaftlichen Maschinenzählung 1953, 1966, 1982

Bis zum Jahr 1966 verbesserte sich die Maschinenausstattung in allen Bezirken deutlich. Besonders durch die nun auf den Markt kommenden geländegängigen, meist allradbetriebenen Universalfahrzeuge, welche die Möglichkeit boten, arbeitsparende Zusatzgeräte wie Miststreuer, Mähwerk oder Heuwender relativ einfach aufzubauen, vergrößerte sich der Bestand gerade in dieser Sparte überproportional. Im Bezirk Landeck ist im Jahr 1988 die Zahl der verwendeten Transporter mit 1203 Fahrzeugen rund eineinhalbmal so hoch gewesen wie jene der Traktoren (Landwirtschaftliche Maschinenzählung 1988). In den letzten Jahren konnten die Bergbauern in Osttirol ihren Rückstand gegenüber den Bezirken in Nordtirol doch deutlich verringern.

Bild 1: Der Transporter (Schlepper) im Einsatz

Der technische Wirkungsgrad bei mechanisierten Arbeitsverfahren hängt stark von der Geländeausformung, der Bodenqualität und dem Klima ab. Aus diesem Grund gilt bei der Zonierung der Berggebiete die Bearbeitbarkeit mit dem Normaltraktor als einziges arbeitswirtschaftliches Kriterium. Der Tiroler Landwirtschaftskataster berücksichtigt die Mechanisierungsmöglichkeiten durch hangtaugliche Maschinen und unterscheidet 4 Neigungskategorien[2].

Tab. 9: Bearbeitung der landwirtschaftlichen Nutzflächen in Prozent

Bezirk:	Traktor	Bearbeitung mit		
		Transporter	Motormäher	Handarbeit
Reutte	60,1	11,9	14,7	13,3
Kitzbühel	57,3	24,4	13,6	4,7
Kufstein	53,3	21,3	15,4	10,0
Imst	52,9	12,8	17,4	16,9
Innsbruck-Land	50,4	19,4	13,9	13,3
Schwaz	49,0	17,7	23,6	9,7
Lienz	39,9	17,7	19,9	22,5
Landeck	22,4	17,0	30,2	30,4
TIROL	49,2	19,1	17,7	13,9

Quelle: Bericht über die Tiroler Land- und Forstwirtschaft 1983/84

Aus der *Tabelle 9* geht hervor, daß in den Bezirken Kitzbühel und Schwaz die landwirtschaftlichen Flächen zum überwiegenden Teil maschinell bearbeitet werden können, während in Westtirol und in Osttirol noch ein hohes Maß an Handarbeit erforderlich ist. Neben dem Ankauf von Maschinen für die Außenwirtschaft sind auch hinsichtlich der Innenwirtschaft bedeutende Investitionen erforderlich. Somit ist die Wirtschaftlichkeit nur für größere Tierbestände gegeben, und die Mechanisierung bleibt – mit Ausnahme größerer Betriebe in den Gunstlagen – im wesentlichen auf die Außenwirtschaft beschränkt.

Mit Hilfe von außeragrarischen Einkommensquellen, sei es aus dem Fremdenverkehr oder aus anderen Wirtschaftsbereichen, hat die Mechanisierung in der Landwirtschaft dazu beigetragen, viele Flächen, die sonst unbearbeitet geblieben wären, weiter zu bewirtschaften. Vor allem im Außerfern wurden nicht maschinell bearbeitbare Flächen bereits extensiviert.

3. *Bergbauern und Fremdenverkehr*

Die Bedeutung des Tourismus in Tirol kommt auch in der großen Zahl an Bauernhöfen, die Zimmer vermieten, zum Ausdruck. So waren im Jahr 1990 in Tirol 6006 Höfe oder 30 % aller landwirtschaftlichen Betriebe in die Aktion „Urlaub am Bauernhof" miteinbezogen. Obwohl in einigen Bergbauerngemeinden auch durch den Fremdenverkehr die Abwanderung nicht gestoppt werden konnte (vgl. Wanderbilanz 1991 in Prozent von 1971, ÖSTZ 1981 und 1991), wurde doch die negative Tendenz mit Hilfe des Tourismus abgeschwächt, sodaß in der Zeit des großen Aufschwungs im Fremdenverkehr in den Gemeinden über 1000 m Seehöhe von 1961 bis 1971 in Nordtirol eine Bevölkerungszunahme von 22 und in Osttirol von 10,5 % zu verzeichnen war[3]. Was die Abwanderung aus der Berglandwirtschaft betrifft, wurde bereits an anderer Stelle festgestellt: relativ starker Rückgang der Betriebe in den führenden Tiroler Fremdenverkehrsorten; in jenen Fremdenverkehrsgebieten, die nicht zu den Zentren zu zählen sind, werden dagegen Abnahmen verzeichnet, die unter dem Durchschnitt liegen (vgl. *Penz* 1986, 158).

Der Fremdenverkehr begünstigt jedoch gleichzeitig mit seinen im Gegensatz zur Bergbauernarbeit verlockenden Arbeits- und Verdienstmöglichkeiten eine Abwanderung in andere Berufe. Solange es dabei nicht zu einem Nutzungsverfall kommt, ist dieser Vorgang nicht weiter

bedenklich. Im Bereich des außerbetrieblichen Nebenerwerbs ergeben sich, wie auch die Befragungen bei der Feldarbeit gezeigt haben, vor allem als Liftangestellter, als Schilehrer und, besonders für weibliche Arbeitnehmer, im Gastgewerbe gute Verdienstmöglichkeiten.
Nach Aussage des Geschäftsführers der Stubaier Gletscherbahn sind in diesem Betrieb bis zu 50 Nebenerwerbsbauern beschäftigt. Diese Bediensteten können morgens die Stallarbeit verrichten und werden dann mit einem Firmenbus zur Talstation Mutterbergalm gebracht; am späten Nachmittag erfolgt der Rücktransport. Die vielen Handels- und Gewerbebetriebe, wie Bäckereien, Tischlereien, Sportgeschäfte, die sich nicht zuletzt wegen der großen Nachfrage aus dem Fremdenverkehrsbereich haben etablieren können, bieten den aus der Landwirtschaft kommenden Menschen Arbeitsplätze.
In den Fremdenverkehrsregionen Tirols, wie im Bezirk Kitzbühel, in der Wildschönau, im Zillertal, im Alpbachtal, im Innerötztal, im hinteren Paznauntal und im Defereggental, fällt der hohe Anteil von Personen auf, die aus der Landwirtschaft kommen und im Gastgewerbe beschäftigt sind. Durch die Möglichkeit, direkt im Ort oder in der näheren Umgebung arbeiten zu können, ist die Zahl der Nichttagespendler hier sehr gering.
Doch nicht alle Teile des Landes sind, was das Arbeitsplatzangebot anlangt, begünstigt. Dazu sei ein Beipiel aus Osttirol angeführt, wo die Eltern auf einem Bauernhof in Ainet mit folgender Situation konfrontiert sind: Von den 5 Kindern im Alter zwischen 15 und 26 Jahren besteht nur für ein Kind die Möglichkeit, täglich zum Hof zurückzukommen und dort zu wohnen; die anderen 4 kehren nur am Wochenende, meist nur alle 14 Tage aus ihrem Arbeitsort Innsbruck in den Heimatort zurück. Bei fehlenden Arbeitsplätzen in zumutbarer Pendelentfernung besteht eher die Gefahr, daß die junge Bergbauerngeneration sich anderswo niederläßt und dem Hof den Rücken kehrt.

Die Beziehungen zwischen Landwirtschaft und Fremdenverkehr konzentrieren sich in Tirol in besonderem Maße auf den „Urlaub am Bauernhof", also in erster Linie auf die Zimmervermietung. Daneben wird als Alternative die Vermietung bzw. die Verpachtung von Ferienwohnungen, alten Bauerhäusern, ausgebauten Heustadeln, Asten und Almhütten angeboten. Zweifellos trägt diese Form der Beteiligung am Fremdenverkehr, die den oft dringend benötigten Nebenerwerb direkt am Hof ermöglicht, wesentlich zur Besitzfestigung bei.
Wo sowohl für den Wintertourismus als auch für den Sommertourismus ideale Voraussetzungen bestehen, ist der Anteil der Bauernhöfe mit Zimmervermietung besonders hoch. Dies gilt vor allem für das nordöstliche Tirol. Dazu haben die im Winter gegebene Erreichbarkeit der Höfe durch gut ausgebaute Straßen sowie die günstige Lage im Naherholungsbereich Süddeutschlands beigetragen, sodaß hier die Bauern durch den Fremdenverkehr die höchsten Nebeneinkommen erzielen.
Im Gegensatz dazu sind die Verhältnisse in den westlichen Bezirken und in Osttirol wesentlich ungünstiger, und die Zahl der Gemeinden – sieht man vom Ötztal, vom Virgental und vom oberen Lechtal ab – mit einem reichen Angebot an touristischer Infrastruktur ist bedeutend geringer. Die Höfe sind in den beiden Oberländer Bezirken wesentlich kleiner, die wenigen vorhandenen Zimmer werden von der Familie im ganzen Ausmaß selbst benötigt. Auch der Verlauf der Straßen (große Steigungen, geringe Breite) und die Lawinengefährdung spielen eine nicht unbedeutende Rolle bei der Auswahl einer Ferienunterkunft. Die Bewohner der Fraktion Leithe in Sölden berichten z. B., daß dadurch die Auslastung der Betten im Winter stark sinkt.

In folgenden Tälern bzw. Kleinregionen vermieten rund die Hälfte aller landwirtschaftlichen Betriebe Zimmer:

      Ötztal   Söll- Leukental
      Oberes Lechtal   Kitzbühel und Umgebung
      Stubaital   St. Johann-Kössen
      Zillertal   Defereggental
      Pillerseegebiet   Virgental

Aufgrund des fehlenden Naturpotentials wird die Zimmervermietung durch Bergbauern in der Umgebung der Bezirkshauptstädte am wenigsten ausgenützt, hier bleibt der Anteil durchwegs unter 20 % (Ausnahme: Kitzbühel). Ein Extrem dazu bildet das Villgratental, wo trotz der landschaftlichen Schönheit und Ruhe der Anteil der Höfe mit Vermietung gar nur 14 % beträgt.

Die Gründe, warum in manchen Gemeinden nur wenige, in anderen Gemeinden relativ viele Fremdenbetten in Bauernhöfen vermietet werden, liegen in der großen Konkurrenz der gewerblichen Vermieter, wie etwa in den Fremdenverkehrszentren Seefeld, Ischgl, Ehrwald, Serfaus, Sölden oder Mayrhofen. Hier entscheidet das qualitativ bessere Angebot der gewerblichen Beherbergungsbetriebe gegen die Privatzimmervermieter, während in Orten mit wenig gewerblicher Zimmervermietung, wie in St. Leonhard, Kappl, Schmirn, Steeg oder Leutasch, ein Teil der Bauernhöfe die Beherbergungsfunktion übernimmt. Weitverbreitet ist das Vermieten von Fremdenzimmern dort, wo der Fremdenverkehr eine der wenigen und vor allem gering aufwendigen Möglichkeiten bietet, zu einem Nebeneinkommen zu gelangen. Dazu zählen die abseits gelegenen Gemeinden des Bezirkes Innsbruck-Land (Gschnitz, Trins, Obernberg), alle Gemeinden des oberen Lechtales oder die Berggemeinden des Zillertales, wobei sich hier die guten Infrastruktureinrichtungen des gesamten Tales als befruchtend erweisen.

Die Zahl der zimmervermietenden landwirtschaftlichen Betriebe ist seit dem Jahr 1970 (vgl. *Tab. 10*) bis 1980 annähernd gleichgeblieben. Durch die Verringerung der landwirtschaftlichen Betriebe ist der Anteil der vermietenden Höfe jedoch von 31,8 auf 35,9 % gestiegen. Eine Trendumkehr ist in den achtziger Jahren zu beobachten, denn mit Ausnahme des Bezirkes Landeck ist im ganzen Land der Anteil wieder gesunken und beträgt nunmehr landesweit 30,4 %. Als mögliche Gründe dafür sind zu nennen:
- geringe Auslastung der Zimmer,
- schlechter Ausstattungsgrad – Dusche und WC fehlen, wobei die notwendigen Investitionen nicht mehr getätigt werden wollen,
- zu starke Beanspruchung der Bäuerin durch erhöhten Einsatz bei der Hofarbeit (besonders in Nebenerwerbsbetrieben).

Tab. 10: Landwirtschaftliche Betriebe mit Zimmervermietung 1970, 1980 und 1990

Bezirk	\multicolumn{7}{c}{Landwirtschaftliche Betriebe mit Zimmervermietung}						
	1970		1980		Veränderung 1970–80	1990		Veränderung 1980–1990
	abs.	in %	abs.	in %	in %	abs.	in %	in %
Imst	798	29,4	863	37,2	+ 8	622	29,6	– 8
Innsbruck-Stadt/-Land	1.136	23,7	1.008	24,7	– 11	796	21,2	– 6
Kitzbühel	982	37,7	1.084	45,4	+ 10	932	40,5	– 5
Kufstein	1.087	34,9	1.125	40,1	+ 3	881	32,6	– 8
Landeck	800	31,0	817	34,6	+ 2	780	35,5	+ 1
Lienz	766	25,1	803	28,9	+ 4	656	23,0	– 6
Reutte	1.082	52,7	818	47,3	– 24	599	41,8	– 6
Schwaz	851	31,7	993	40,6	+ 17	740	31,0	– 10
TIROL	7.502	31,8	7.511	35,9	+ 0,1	6.006	30,4	– 6

Quelle: ÖSTZ, Land- und forstwirtschaftliche Betriebszählung 1970, 1980, 1990

Eine genauere Untersuchung einzelner Kleinregionen bezüglich der Veränderungen seit 1970 ergab, daß am Seefelder Plateau, in Kössen und Umgebung, im Stanzertal, in Kals und im Außerfern starke Abnahmen der Zimmervermietung zu verzeichnen waren. Im Außerfern steht diese mit der sinkenden Zahl der bewirtschafteten Höfe im Zusammenhang, im Raum Innsbruck wird das gute Arbeitsplatzangebot das ausschlaggebende Moment gewesen sein. Zunahmen finden sich im Brixental, im Sellraintal, in Kitzbühel und Umgebung, in Landeck und Umgebung, im Zillertal und im Alpbachtal (SITRO-Computerausdruck 1989). Inwieweit die Zimmervermietung auf Bergbauernhöfen mit dem Bau von Straßen im Bergsiedlungsraum korreliert, soll in Abschnitt 5.5 dieser Arbeit erläutert werden.

Insgesamt möchte ich den Einfluß des Fremdenverkehrs auf den bergbäuerlichen Siedlungsraum positiv beurteilen, denn ohne Tourismus wären in Tirol etliche Regionen zu den strukturschwachen Räumen, wie dem Wald- oder Mühlviertel, einzuordnen. Allerdings darf die Gefahr nicht übersehen werden, daß in den Bergdörfern mit intensivem Fremdenverkehr Auflösungsprozesse in bezug auf die dörfliche und bäuerliche Lebensweise beschleunigt werden können.

4. Die Erschließung der Bergbauernhöfe in ihrer zeitlichen und räumlichen Differenzierung

4.1 Ursachen der Unerschlossenheit

Unter den Gründen, die die vielen unerschlossenen Höfe bedingen, ist das Relief, das für die Anlage einer Siedlung mitbestimmend war, ein wesentlicher Faktor. In den Gemeinden, in denen die Hanglage der Höfe überwiegt, wie z. B. in den Berggemeinden des Zillertales, ist der Anteil der unerschlossenen Höfe von vornherein bedeutend höher als in jenen, die am Talboden liegen. Die Mehrzahl der ehemals und heute unerschlossenen Höfe befindet sich auf den gegen Südosten, Süden oder Südwesten gerichteten Hängen, die klimatisch durch lange Sonnenscheindauer und geringere Frostgefahr begünstigt sind.
Dazu kommt der Einfluß der Siedlungsform. Im Streusiedlungsbereich, wo Einzelhöfe vorherrschen, ist die Erschließung des einzelnen Hofes mit bedeutend höherem Aufwand verbunden als dort, wo auf Terrassen, Hangverflachungen und Leisten Weiler entstanden und daher durch den Bau einer Straße mehrere Höfe zugleich erschlossen werden können. Die unterschiedliche Erschließungstätigkeit zwischen den einzelnen Landesteilen im Osten und im Westen Tirols ist zu einem wesentlichen Teil auf Unterschiede in der Siedlungsstruktur zurückzuführen.

Ob zu einer Hangsiedlung eine ausreichende Zufahrtsmöglichkeit besteht, ist auch von der Entfernung des Hofes zur nächsten, gut ausgebauten Fahrstraße abhängig. Die Überwindung von großen Distanzen und die Bewältigung von stark geneigten bzw. rutschungsgefährdeten Hängen oder Felsabbrüchen bedeuten für die Weginteressenten eine ungleich höhere Beitragsleistung als für jene, die nur wenig von der nächsten Straße entfernt liegen. Aufwendige Brückenbauten, Tunnelanlagen, Lawinenschutzbauten, Felssicherungs- und Sprengarbeiten behindern eine rasche Erschließung.

Wo die Nebenerwerbsbauern besonders zahlreich sind, wird das Interesse, eine Straßenverbindung zum Tal zu erhalten, unter Umständen größer sein als dort, wo man weniger darauf angewiesen ist, täglich ins Tal zu kommen.

Ausschlaggebend ist auch die finanzielle Basis der einzelnen Höfe, denn grundsätzlich werden die Kosten eines Erschließungsweges zu gleichen Teilen auf Bund, Land, aber auch auf die Interessenten aufgeteilt, sofern das Vorhaben von der Landesregierung genehmigt und rechtlich abgesichert ist. Mancherorts beteiligen sich die Gemeinden mit einem höheren Beitrag, oder es wird im Rahmen von Förderungsprogrammen (z. B. Bergbauernsonderprogramm für Osttirol) von Bund und Land ein größerer Anteil übernommen.

Vor allem bei der Erschließung von Weilern haben sich etliche Gemeinden in den Bezirken Landeck und Imst als großzügig erwiesen. Allerdings war es in finanzstarken Gemeinden eher möglich, höhere Zuschüsse zu gewähren als in finanzschwachen.

Auch der Fremdenverkehr kann den Bau einer Zufahrtsstraße beschleunigen, da nur so eine Zimmervermietung oder die Errichtung einer Jausenstation betrieben werden kann.

Bei der Erschließung eines Hofes sind auch die persönlichen Interessen, die einzelne Bauern und Gemeindepolitiker an der Erschließungsarbeit erkennen lassen, maßgeblich. In etlichen Fällen wurde berichtet, daß der Straßenbau zu den Berghöfen von einem fortschrittlichen Bauern angeregt wurde. Andererseits wird im Navistal die Realisierung eines bereits seit Jahren geplanten Wegbaues von einem Bauern verhindert, dessen Hof relativ gut erschlossen ist, die Zerstückelung seines Feldes, die bei dem Wegbau unumgänglich wäre, aber nicht in Kauf nehmen will. Vielerorts wurden einzelne Bauern durch neuerrichtete Straßen in der Nachbarschaft zu einer Erschließung ihres Hofes angeregt, nachdem sie die positiven Folgen erkannten.

Der Einsatz von Traktoren und Transportern für die Feldarbeit, den Transport von Futtermitteln zum Hof, für Fahrten zu den Almen oder zum Abtransport der Milch setzt voraus, daß die Zufahrtswege ganzjährig befahrbaren sind. In vielen Fällen wurden aus diesen Gründen Erschließungsvorhaben beschleunigt realisiert.

In einigen Wintersportorten, wie in Kitzbühel, in Sölden und in Neustift, im mittleren Zillertal und im Brixental, hängt die Abnahme der unerschlossene Höfe mit dem Bau von Liftanlagen und neuen Pisten zusammen, die in der Nähe der Hofflächen angelegt wurden.

Im Landesgesetz 1960 über das landwirtschaftliche Siedlungswesen (Landesgesetzblatt für Tirol vom 26. 1. 1961) wurden besondere Förderungsmaßnahmen für entsiedlungsgefährdete Gebiete festgelegt. „Als entsiedlungsgefährdet gelten alle Gebiete (Betriebe), in denen wegen der Höhenlage, des Klimas, der äußeren und inneren Verkehrslage oder der Hanglage ganz besonders erschwerte Lebens- und Produktionsbedingungen, verbunden mit sozialer Bedürftigkeit, gegeben sind" (Landesgesetzblatt für Tirol vom 28. 11. 1962). Die Landesregierung mußte nach Anhörung der Landeslandwirtschaftskammer Maßnahmen vorschlagen, die geeignet sind, der Entsiedlungsgefährdung dieser Gebiete (Betriebe) entgegenzuwirken. So wurde von den agrarpolitischen Stellen bei der Landesregierung nach der Erstellung einer Liste der entsiedlungsgefährdeten Höfe der verkehrsmäßigen Erschließung in ihrem Bereich besonderes Augenmerk geschenkt.

In den folgenden Jahren ging man somit daran, nicht nur möglichst viele in Talnähe liegende und leicht zu erschließende Höfe in das öffentliche Staßennetz einzubinden, sondern auch jene, die von der Auflassung bedroht waren.

Insgesamt ist in der Regel nicht nur ein Grund für die Unerschlossenheit eines Hofes ausschlaggebend, häufig wirkten mehrere Gründe zusammen, die letztendlich auch dafür ausschlaggebend waren, wie lange ein Hof unerschlossen blieb.

4.2 Ziele und Bedeutung der Höfeerschließung

Die Abnahme der Rinderhalter birgt die Gefahr in sich, daß im Berggebiet mit seinen ungünstigen Lebens- und Arbeitsbedingungen der Bestand der Siedlungen gefährdet ist. Ein Bergbauernhof ohne Anschluß an das öffentliche Straßennetz besitzt heute kaum eine Überlebenschance. Bergbauernkinder aus Höfen in Extremlage sind – im Gegensatz zu früher – viel weniger bereit, einen Hof zu übernehmen, vor allem dann nicht, wenn keine Hofzufahrt besteht. Die mangelnde Erschließung im Zusammenhang mit Verkehrsferne und hohen Transportkosten sowie die in etlichen Berggebieten vorhandene schwache Wirtschaftsstruktur verstärkt bei den Bewohnern das Gefühl der Isolation. Als übergeordnetes Ziel der Höfeerschließung können daher die

Beseitigung der Entsiedlungsgefährdung und die Weiterbewirtschaftung der Höfe angesehen werden.

Im Einkommen zwischen Tal- und Bergbauern je Familienarbeitskraft sind starke Disparitäten zwischen Gunst- und Ungunstlagen festzustellen. So erreichte z. B. das Einkommen der Bergbauern in der Erschwerniszone 3 im Jahr 1986 nur etwa 45 % jenes der Bauern in den begünstigten Tallagen.

Ein großer Teil der bäuerlichen Bevölkerung ist auf ein Einkommen außerhalb der Landwirtschaft angewiesen. Durch die fehlende Straßenverbindung ins Tal wird das tägliche Pendeln erschwert. Dies führt entweder dazu, daß viele Bauern zu Nichttagespendlern werden und im Laufe der Zeit die Landwirtschaft überhaupt aufgeben oder daß täglich ein langer Fußmarsch in Kauf genommen werden muß.

Die wirtschaftliche Bedeutung des Straßenanschlusses für den Hof liegt in der Verbindung zum Markt, im Bezug von Erzeugnissen, Betriebsmitteln und Investitionsgütern, vor allem soll der Abtransport der Milch erleichtert werden. Der Einsatz von landwirtschaftlichen Fahrzeugen, speziell des Tansporters, wird ermöglicht, auch der oft beträchtliche Zeitaufwand, der nötig ist, um abgelegene Hofflächen, Waldteile, Asten oder Almen zu erreichen, wird durch die neugeschaffene Straßenverbindung um ein Vielfaches herabgesetzt. Der Viehauftrieb auf die Almen hat sich durch den Straßenbau grundlegend verändert. Die Tiere werden am Bauernhof auf einen LKW verladen und zu ihrem Bestimmungsort gebracht. Auf ähnliche Weise erfolgt heute die Anreise zu den Viehversteigerungen.

Der Fremdenverkehr, der ein geeignetes Mittel darstellt, die Einkommenslage der Bauern zu verbessern, wird ohne Straßenverbindung im Bergsiedlungsraum kaum Fuß fassen können. Oftmals lassen erst sichere Wegverhältnisse den dringend benötigten Zuerwerb aus der Vermietung von Fremdenzimmern und Ferienwohnungen aussichtsreich erscheinen. Es gibt Beispiele, wo die alte Weganlage zwar für die Benützung mit modernen landwirtschaftlichen Geräten und Fahrzeugen noch ausreicht, Fremdengäste hingegen haben oft eine gewisse Beklemmung beim Fahren auf Bergstraßen, umso mehr werden sie vor übersteilen und ungesicherten Hofzufahrten zurückscheuen.

Ein Maß für die Lebensqualität ist der Wohnungsstandard, der in der Zeit vor der Höfeerschließung auf den Bergbauernhöfen sehr niedrig war. Durch die Erreichbarkeit der Höfe mittels eines LKWs sollte die Voraussetzung geschaffen werden, Verbesserungen an Wohn- und Wirtschaftsgebäude durchzuführen. Mit der weiteren Verschlechterung der überalterten Bausubstanz ist die Gefahr des Verfalls und in späterer Folge die Aufgabe des Wohnsitzes verbunden. Die Viehwirtschaft ist die Grundlage der Bergbauern, trotzdem entsprachen viele Ställe nicht mehr dem heutigen Niveau und mußten um- oder neugebaut werden.

Mit der Errichtung von Straßen zu den Bergbauernhöfen soll den dort lebenden jungen Menschen durch den Einsatz von Schulbussen die Bildungsbeteiligung erleichtert werden. Für die Kinder wird der oft anstrengende und mitunter auch gefahrvolle Schulweg zeitlich verkürzt, durch die verbesserte Erreichbarkeit von öffentlichen Verkehrsmitteln steht den Jugendlichen ein über den Pflichtschulbereich hinausgehendes Bildungsangebot offen.

Eine ausgebaute Straße ermöglicht die notwendigen Einkäufe und Fahrten zu Gesundheitseinrichtungen und Behörden ohne viel Mühe und Zeitaufwand. Die Postzustellung kann einfacher und rascher erfolgen, der Briefträger ist im Berggebiet heute durchwegs mit dem Auto unterwegs.

Der praktische Arzt oder der Tierarzt wird viel schneller zu einem Einsatz kommen können, wenn der Hof mit dem Fahrzeug erreichbar ist. Wenn die älteren Hofbewohner berichten, mit welchen Mühen früher kranke Menschen ins Tal gebracht wurden, wird klar, wieviel einfacher heute der Transport mit dem Rettungswagen erfolgen kann.

All diese Gründe mögen dafür ausschlaggebend gewesen sein, die verantwortlichen politischen Stellen zu veranlassen, der Erschließung des Bergsiedlungsraumes besondere Beachtung zu schenken. Das Ziel, das mit der Verkehrserschließung des bergbäuerlichen Siedlungsraumes angestrebt wird, nämlich die Weiterbesiedlung und Erhaltung der Landwirtschaft und des bergbäuerlichen Kulturraumes, kann aber nicht allein durch den Bau von Zufahrtswegen erreicht werden, der Wegebau muß vielmehr im Zusammenhang mit anderen Maßnahmen zur Förderung der Berglandwirtschaft gesehen werden.

4.3 Die Anfänge des Güterwegebaues

Als man in der ersten Hälfte dieses Jahrhunderts begann, von der herkömmlichen Selbstversorgerwirtschaft etwas abzugehen, wurde die Notwendigkeit erkannt, auch den bäuerlichen Siedlungsraum Tirols stärker in das öffentliche Verkehrsgeschehen einzubinden. Bisher hatten sich die Wege von den Bergbauernhöfen zu den dazugehörenden Asten und Almen oft als wichtiger erwiesen als jene zu den öffentlichen Straßen ins Tal. Beim Ausbau des Verkehrsnetzes wurden zuerst jene Projekte gefördert, die größere Siedlungen und Täler den Hauptverkehrslinien näherbrachten. Die Verbindung vom Tal zu den Bergbauernhöfen bildeten zunächst nur Fuß- oder Karrenwege, die sich zumeist in einem schlechten Zustand befanden.

Bereits während des Ersten Weltkrieges konnte durch den Einsatz von Kriegsgefangenen der Bau einzelner Wege, die dann mancherorts als „Russen-" oder „Serbenwege" bekannt wurden, begonnen, aber meistens nicht vollendet werden. Am Ende des Krieges dürften in Tirol etwas mehr als 9000 Höfe noch keinen brauchbaren Zufahrtsweg besessen haben, also nach der heutigen Definition unerschlossen gewesen sein. Zu berücksichtigen ist jedoch, daß damals im bergbäuerlichen Bereich die Motorisierung noch lange nicht Fuß gefaßt hatte.

Einen weiteren, wenn auch bloß in einem beschränkten Umfang möglichen Ausbau des Straßennetzes brachte die im Jahre 1927 vom Bundesministerium für Land- und Forstwirtschaft gebotene Unterstützung bei der Erschließung von landwirtschaftlichen Betrieben. Als „Vater" des Baues von „Güterwegen", wie es damals hieß, kann unzweifelhaft Ministerialrat Dipl.-Ing. R. Kober gelten, der die in der Schweiz übliche Bezeichnung nach Österreich importiert haben dürfte. Dort wurde bereits viel früher mit Förderungsmaßnahmen begonnen. Bei dieser Förderungsaktion wurden in ganz Österreich von 1927 bis Ende 1934 bereits 970 Wege mit fast 1500 km Länge ausgebaut und damit mehr als 20.000 Betriebe an das allgemeine Verkehrsnetz angeschlossen (*Recheis* 1973, 36). Die Subvention des Bundes betrug für den Einzelfall maximal 25 % und war an einen gleich hohen Landesanteil gebunden. In Tirol konnten dadurch einige ansehnliche Vorhaben in Angriff genommen werden. Die Gemeinden Fiss, Serfaus, Mösern, Brandenberg – hier mit einer wesentlichen Beteiligung der Bundesforste – sowie Teile von Kaisers und Bschlabs bekamen damals eine Straßenverbindung. Ende der zwanziger Jahre und in den Jahren danach ließ jedoch die allgemeine wirtschaftliche Notlage, die durch die Weltwirtschaftskrise und die Tausendmarksperre heraufbeschworen wurde, Erschließungsmaßnahmen in größerem Umfang nicht mehr zu.

Es ist zu verstehen, daß man nun in vielen Gemeinden versuchte, die bestehenden Karrenwege zu verbessern, denn an eine ordentliche Erschließung der Höfe war unter diesen Umständen nicht zu denken. Öfters erfolgte die Erschließung behelfsmäßig mit Seilwegen (Materialseilbahnen), da der Bau einer Zufahrtsstraße nicht so schnell realisierbar schien. Neben den Vorteilen der geringen Baukosten und der raschen Durchführbarkeit bei derartiger Errichtung gingen dabei keine Kulturflächen verloren. Zu dieser Zeit war auch die Arbeitskraft am Bauernhof nicht so knapp, daß ein mehrmaliges Umladen des Materials als Nachteil empfunden worden wäre.

Als sich die Notlage noch mehr verschärfte, wurde in den Jahren 1934/35 vorwiegend in den vom Ausfall des deutschen Reiseverkehrs betroffenen Bezirken Westtirols ein Notstandsprogramm entwickelt, im Zuge dessen einige Güterwegprojekte ermöglicht wurden. Neben der Wildbach- und Lawinenverbauung war der Güterwegebau eine willkommene Möglichkeit der Arbeitsbeschaffung im Bergsiedlungsraum. Für die Interessenten eines Hoferschließungsweges konnte die Beitragsleistung in Form von Arbeitsschichten, Fuhrleistungen sowie durch Grund- und Materialbereitstellung erbracht werden, an eine direkte finanzielle Beteiligung war in dieser Zeit nicht zu denken. Bei der damaligen Arbeitsweise – es wurden keine Maschinen eingesetzt – erreichte die Lohnquote 90 % und mehr. Aus der Statistik der Unterlagen bei der Landesregierung (Abt. III d/1) geht hervor, daß in Tirol im Jahr 1937 noch keine LKWs beim Güterwegebau verwendet wurden. Es wurde der Index für Pferdefuhrwerke angegeben.

Da in jener Zeit das Ackerland auch an verhältnismäßig steilen Hängen umfangreicher war als heute, ergaben sich bei der Anlage der Güterwege zusätzliche Schwierigkeiten, weil wertvolle Kulturgründe zerschnitten werden mußten. Neben dem Grundverlust war es die oft nicht vermeidbare Zerstückelung der Felder, die die Bearbeitung erschwerte. Nur wenige Bergbauern haben sich daher in dieser Zeit um die Erschließung ihres Hofes bemüht, der Großteil sah im Straßenbau mehr Nachteile als Vorteile. Die Ansuchen um die Errichtung einer Fahrstraße wurden nicht so sehr von den einzelnen Interessenten gestellt, sondern mußte vielfach von den öffentlichen Stellen initiiert werden.

Wesentlich erleichtert hat ein Landesgesetz aus dem Jahr 1933 die Abwicklung der Wegbauten; es erhielt den Namen „Güter- und Seilwegegesetz", wodurch der bisher nur wirtschaftliche Begriff „Güterweg" auf eine gesetzliche Basis gestellt wurde. Die Vollziehung des Gesetzes war Aufgabe der Agrarbehörde[4]. Vorausschauende Planung und lange rechtliche Vorverfahren gab es beim Bau der Erschließungswege nicht, und wo vorhanden, wurde auf bestehende „Interessentenweggenossenschaften" (gemäß dem Landesstraßengesetz) zurückgegriffen. So entstanden Wege, die zwar dem damaligen Verkehrsbedürfnissen entsprachen und einen Fortschritt bedeuteten, aber in der Zwischenzeit vielfach durch Neuanlagen ersetzt werden mußten.

Eine Einzelerschließung von Bauernhöfen erfolgte damals praktisch nicht, denn es war notwendig, zuerst jene großen Vorhaben in Angriff zu nehmen, die eigentlich, wenn es die finanzielle Lage zugelassen hätte, Aufgabe der Landesstraßenverwaltung gewesen wäre. Die Erschließung des bergbäuerlichen Siedlungsraumes beschränkte sich in dieser Zeit auf die noch un- oder nur schlecht erschlossenen Gemeinden in den Seitentälern des Wipptales (Navis, Vals), des Lechtales (Pfafflar, Kaisers), des inneren Ötztales (Gurgl, Vent) sowie auf die Berggemeinden im mittleren Inntal (Volderberg, Wattenberg, Weerberg), im Zillertal und im Drautal.

Mit Beginn der nationalsozialistischen Ära erlebte der Güterwegebau einen kurzen Aufschwung. Im Verlauf des Krieges kamen auf den Güterwegebaustellen, soweit sie für die Sicherstellung der Ernährung der Bevölkerung als wichtig angesehen wurden, Kriegsgefangene zum Einsatz, aber nur in der Nähe von Arbeitslagern, was eine Schwerpunktbildung in sogenannten „Aufbaugemeinden" zur Folge hatte. Die Ansätze zur Erschließung von Stummerberg, Schwendtberg, Klein- und Großvolderberg und Navis sowie der von Fiss gehen darauf zurück. Mit zunehmender Fortdauer des Krieges wurden die Gefangenen in anderen Bereichen eingesetzt, viele der mit der Projektierung beauftragten Beamten waren zum Kriegsdienst eingezogen. Ein Stillstand in der Erschließungstätigkeit war die Folge. Nach Beendigung des Zweiten Welkrieges galt es vorerst, die unterbrochenen Arbeiten fertigzustellen bzw. entstandene Schäden auszubessern.

Das gesamte Ausmaß der Höfeerschließung seit 1930 geht aus einer Aktennotiz (Amt der Tiroler Landesregierung Abt. III d/1) vom 7. 6. 1951 hervor, in der es heißt: „In zwanzigjähriger, von Not und Kriegszeiten unterbrochenen Tätigkeit wurden im Lande bisher 134 Güterwege mit einer Gesamtlänge von 326 km ausgebaut."

4.4 Die Erschließungstätigkeit nach dem Zweiten Weltkrieg

4.4.1 Statistische Grundlagen

Die Hauptquelle für Angaben über die Erschließungstätigkeit und die Zahl der unerschlossenen Höfe ist die Abteilung III d/1 – Güter und Seilwegebau – beim Amt der Tiroler Landesregierung. Die Aufzeichnungen in dieser Abteilung liegen für bestimmte Daten ab 1950 vor. Als im Jahr 1957 vom Statistischen Zentralamt im Rahmen der Erhebung des Bestandes an landwirtschaftlichen Maschinen und Geräten zum ersten Mal auch die Betriebe erfaßt wurden, die keine für LKW geeignete Zufahrt besitzen, fielen von den 24.989 in Tirol gezählten Betrieben 8567 in diese Kategorie, was einem Anteil von rund 33 % entspricht.

Bei der im Rahmen der land- und forstwirtschaftlichen Betriebszählung vorgenommenen Erhebung wurden im Jahr 1960 allerdings um 2600 unerschlossene Höfe weniger gezählt. Da in den Jahren von 1957 bis 1960 im Durchschnitt jährlich offiziell 153 Höfe neu erschlossen wurden, erscheint die Zahlenangabe von 1960 nach den heutigen Einstufungskriterien etwas zu niedrig angesetzt. Damit sei auch auf die Problematik hingewiesen, die sich bei der Einstufung eines landwirtschaftlichen Betriebes nach dem „Erschließungsgrad" ergibt (vgl. Definiton in *Kap. 4.4.4.1*). Der Großteil der Daten beruht auf den Erhebungen aus den Jahren 1987 bis 1989 sowie auf Unterlagen der Abteilung III d/1 aus dem Jahr 1995. Wo es möglich war, wurden die Daten der Volkszählungsergebnisse von 1991 miteinbezogen.

Im Jahre 1963 wurde von der Abt. III d/1 der Landesregierung begonnen, in Tirol namentlich alle noch nicht vollwertig erschlossenen Höfe zu erheben. Im Jahre 1965 konnte dann zum ersten Mal eine nach Gemeinden gegliederte Kartei der unerschlossenen Höfe angelegt werden, mit Jahresende war diese Kartei revidiert und neu erstellt. In den darauffolgenden Jahren wurden weitere Höfe in die Kartei aufgenommen, sei es, weil einzelne Höfe übersehen wurden oder, was häufiger der Fall war, man nachträglich erkannte, daß die bestehende Zufahrt den offiziellen Kriterien nicht mehr entsprach. Bis heute noch als unerschlossen geführt werden zum Teil auch Höfe (besonders im Außerfern), die als landwirtschaftlicher Betrieb aufgelassen wurden und nun als Zweitwohnsitze dienen oder nur im Sommer bewirtschaftet werden.

Bei der land- und forstwirtschaftlichen Betriebszählung im Jahr 1980 (ÖSTZ) wurden auch die Betriebe ohne Zufahrtsweg erhoben. In den einzelnen Gemeinden ergaben sich jedoch starke Abweichungen von den tatsächlichen Verhältnissen, sodaß diese Quelle in der vorliegenden Arbeit unberücksichtigt blieb. So wurden für Thaur, ein Ort, der keineswegs im bergbäuerlichen Siedlungsraum liegt, 51 Betriebe angegeben, die keinen LKW-fähigen Zufahrtsweg besitzen. Erhebungen in dieser Gemeinde ergaben jedoch nur einen (relativ) unerschlossenen Hof, der aber nicht mehr ständig bewohnt ist. Für Kappl im Paznauntal wurden bei dieser Zählung 11 Höfe ohne Zufahrtsweg angegeben, nach den Angaben der Abt. III d/1 galten in diesem Jahr 43 Höfe als unerschlossen.

Bei der Neuerstellung des Tiroler Landwirtschaftskatasters (Kataster der Produktionsbedingungen der landwirtschaftlichen Betriebe Tirols) wurde neben den Merkmalen Entfernung, Bearbeitbarkeit, Klima und Seehöhe auch der Grad der Erschließung – getrennt nach Sommer und Winter – mit einer Gewichtung von 20 % für die Punktebewertung herangezogen.[5]

4.4.2 Der Bau von landwirtschaftlichen Seilwegen

Mitte der fünfziger Jahre erfolgte der größte Fortschritt in der Höfeerschließung, weniger durch Straßenneubauten als vielmehr durch die Anlage von landwirtschaftlichen Seilwegen (Materialseilbahnen), die von der Straße im Tal zu den Höfen und Hofgruppen errichtet wurden. Der Bau von Fahrstraßen zu den einzelnen Höfen war für die Hofbesitzer oft mit untragbar hohen Kosten verbunden. Darüber hinaus ließ es die fehlende Motorisierung und Maschinenausstattung etwa bis zum Beginn der sechziger Jahre nicht als notwendig erscheinen, die mit der

Hoferschließung verbundene finanzielle Belastung auf sich zu nehmen. In vielen Fällen wurde der Bau von Materialseilbahnen als eine günstigere Lösung angesehen. Besonders traf dies dort zu, wo die Höfe über einer steilen Geländestufe liegen, wo aufwendige Brückenbauten notwendig oder wo große Entfernungen zu überwinden waren. Die Reliefunterschiede und die siedlungsgeographischen Gegebenheiten erklären die unterschiedlich hohe Zahl von Seilwegen in den einzelnen Bezirken.

Tab. 11: Bestand an landwirtschaftlichen Seilwegen in Tirol

Bezirk	1953	1957
Imst	47	84
Innsbruck	105	163
Kitzbühel	36	45
Kufstein	50	68
Landeck	45	92
Lienz	506	825
Reutte	23	26
Schwaz	50	72
TIROL	863	1.384

Quelle: ÖSTZ, Ergebnisse des Bestandes an landwirtschaftlichen Maschinen und Geräten 1953, 1957

In den vier Jahren von 1953 bis 1957 wurden 521 Materialseibahnen für die Güterbeförderung gebaut, womit sich ihre Zahl in der kurzen Zeitspanne von vier Jahren fast verdoppelt hat. Auffallend hoch sind die Werte im Bezirk Lienz. Hier standen bei einer annähernd ähnlichen Zahl von unerschlossenen Höfen und landwirtschaftlichen Betrieben ungefähr 15 mal soviel Materialseilbahnen in Verwendung als im Bezirk Kitzbühel. Die im Anerbengebiet Tirols früher sehr häufig als Trag- und Zugtiere in Verwendung stehenden Haflingerpferde sowie die in der Regel geringere Reliefenergie haben wesentlichen Anteil daran, daß dort zunächst weniger Hofzufahrten gebaut wurden.

Als am Ende der fünfziger Jahre verstärkt die Erschließung der Höfe durch Fahrstraßen begann, ging der Bau von landwirtschaftlichen Seilwegen zurück. Nach den Bestimmungen der Landesregierung mußte, sobald der Hof eine Straßenanschluß erhielt und die Seilbahn überflüssig wurde, diese wieder abgetragen werden, was aber nicht immer geschah. In Osttirol befinden sich heute noch mehr als 50 % aller Materialseilbahnen Tirols, relativ viele davon sind heute noch – zumindest zeitweise – in Verwendung.

In der Gemeinde Außervillgraten, in der es in den sechziger Jahren noch eine hohe Zahl von unerschlossenen Höfen gab, wurden 1970 insgesamt 179 Materialseilbahnen gezählt. Sie erreichten eine Gesamtlänge von 51 km. Im benachbarten, besser erschlossenen Innervillgraten gab es davon 101 mit einer Gesamtlänge von 22 km (*Kraler* 1970, 113). Viele dieser Materialseilbahnen wurden allerdings nur für den Mist- und Heutransport verwendet, nur wenige waren auch für den Transport von Personen zugelassen.

Die Seilwege für den Materialtransport stellten in der Mehrzahl nur einen Behelf und keinen Ersatz für die Güterwege dar. Die von *Ulmer* (1961, 47) geäußerte Meinung über die mögliche negative Folgeerscheinung einer ausschließlichen Erschließung eines Hofes mit einem Seilweg war nicht ganz unbegründet. In manchen Fällen verzögerte er nämlich den Bau eines Interessentschaftsweges.

So hätte der Anschluß von 10 Bergbauernhöfen im Weiler Oberleibnig in der Gemeinde St. Johann i. Walde an das öffentliche Straßennetz im Jahr 1972 eine Verlegung der Materialseilbahn mit einem Kostenaufwand von 2 Mio. Schilling zur Folge gehabt (*Payr* 1973, 36). Zum Vorschlag,

Bild 2: Durch eine Materialseilbahn erschlossener Hof in Hartberg i. Zillertal

die Materialseilbahn überhaupt aufzulassen und die dadurch eingesparten Mittel für den Güterwegebau zu verwenden, gab man zu bedenken, daß bereits zur Sanierung der Anlage 1,5 Mio. Schilling ausgegeben wurden.

Daß Seilwege auch heute noch sinnvoll einzusetzen sind, zeigen wiederum Beispiele aus dem Villgratental in Osttirol. Von manchen Höfen aus erfolgt die tägliche Milchlieferung ins Tal mit der Seilbahn, obwohl eine Fahrstraße besteht. Die Vorteile liegen in der Kosten- und Zeiterparnis wie auch in der Wintersicherheit, weil bei gefährlichen Straßenverhältnissen das Fahren vermieden werden kann.

4.4.3 Die Erschließungstätigkeit vom Ende des Zweiten Weltkrieges bis 1966

Da die erste detaillierte Aufstellung der neu erschlossenen Höfe, die nur auf Bezirksebene erfolgte, erst ab 1951 vorliegt, ist für die Jahre von 1945 bis 1950 weder eine genaue Zahlenangabe der neu erschlossenen Höfe noch eine regionale Differenzierung möglich.
In den ersten Nachkriegsjahren versuchte man, wie bereits erwähnt, jene Vorhaben abzuschließen, die bereits vor Beginn des Zweiten Weltkrieges in Angriff genommen und durch die Kriegsereignisse unterbrochen worden waren. Dabei galt es, in erster Linie Hangrutschungen und Muranrisse zu verhindern.
Durch die allgemein schlechte wirtschaftliche Lage waren einer stärkeren Erschließungstätigkeit enge Grenzen gesetzt. Bei den Bauarbeiten mußte notgedrungen an den Baumethoden der Vorkriegszeit festgehalten werden; zumindest anfänglich auch aus Gründen der Arbeitsbeschaffung.

An folgenden Projekten wurde in den ersten Jahren nach dem Krieg in umfangreicherem Ausmaß an den Hoferschließungswegen gearbeitet (nach Bezirken; eine Angabe über die Zahl der dabei erschlossenen Höfe liegt nicht vor):

Reutte:	Steeg – Oberellenbogen	Kitzbühel:	Kirchberg – Sonnbergweg
	Leermoos – Gries – Untergarten		Hopfgarten – Katzenbergweg
Imst:	Haiming – Ochsengarten – Obergut	Kufstein:	Reith – Brunnerbergweg
	Haiming – Ochsengarten – Kühtai		Breitenbach – Reichenleith
	St. Leonhard – Zaunhof – Hairlach	Lienz:	Strassen – Hinterburg
Landeck:	Tösens – Untertösens		Tessenberg – Panzendorf
	Prutz – Fendels		Strassen – Heising
Innsbruck:	Matrei – Navis		Kartitsch – Hollbruck
	Volders – Großvolderberg		Matrei – Bichl
Schwaz:	Stumm – Gattererberg		Matrei – Frohnstadl
	Hippach – Perler		
	Mayrhofen – Brandberg		

Bei den in dieser Aufstellung angeführten Erschließungsprojekten wurden in Osttirol im Verhältnis zu den anderen Landesteilen relativ viele Höfe erschlossen.
In den Jahren 1945 bis 1949 stellte man im Rahmen der Erschließung von Bergbauernsiedlungen durch „Güterwege" sowie zur Erschließung von Feldern durch Wirtschaftswege ca. 45 km Wegstrecke fertig. (Im Vergleich dazu betrug die im Jahr 1966 fertiggestellte Wegstrecke 117 km.) Durch Rückrechnung einer später erstellten Statistik kann ein Zahl von ca. 50 in dieser Zeit neu erschlossenen Höfe angenommen werden, womit sich die Zahl der in den Kriegsjahren begonnenen und bis 1950 abgeschlossenen Vorhaben auf 200 erhöht.

Die erste bezirksweise Aufgliederung der unerschlossenen Höfe in Tirol erfolgte, wie erwähnt, bei der land- und forstwirtschaftlichen Maschinenzählung. Wie aus *Tab. 12* zu entnehmen ist, wiesen die Bezirke Lienz mit 48 %, Landeck und Kitzbühel mit je 46 % unerschlossener Höfe – gemessen an der Gesamtzahl der erhobenen Betriebe – die höchsten Prozentsätze auf. Die Bezirke Lienz und Landeck haben auch den größten Anteil an extrem gelegenen Bergbauernhöfen (1986: über 80 % aller Bergbauernbetriebe liegen in Zone 3 oder 4) zu verzeichnen. Der hohe Anteil des Bezirkes Kitzbühel liegt in der hier besonders stark ausgeprägten Streusiedlungsstruktur begründet. Unter dem Tiroler Durchschnitt von 33 % liegen sehr deutlich die Bezirke

Bild 3: Wegverhältnisse in einem unzureichend erschlossenen Weiler in Kappl im Paznauntal

Tab. 12: Landwirtschaftliche Betriebe ohne LKW-Zufahrt und Betriebe ohne elektrische Energie (1957) in Tirol

Bezirk	Betriebe nach landwirtsch. Masch.zählung 1957	ohne LKW-Zufahrt abs.	in %	ohne elektr. Energie abs.	in %
Imst	3.358	830	25	121	3,6
Innsbruck-Land	4.829	1.214	25	38	0,7
Kitzbühel	2.542	1.172	46	129	5,1
Kufstein	3.165	1.095	35	74	2,3
Landeck	3.015	1.375	46	12	0,4
Lienz	2.830	1.344	48	61	2,2
Reutte	2.576	475	18	6	0,2
Schwaz	2.674	1.062	40	98	3,7
TIROL (ohne Innsbruck-Stadt)	24.989	8.567	33	539	2,2

Quelle: ÖSTZ, Erhebung landwirtschaftlicher Maschinen und Geräte 1957

Tab. 13: Erschließungstätigkeit zwischen 1951 und 1965

Bezirk	Zahl der neu erschlossenen Höfe				
	1951 – 1960	1961 – 1965		1951 – 1965	
	absolut	absolut	Anteil an der Landessumme in Prozent	absolut	Anteil an der Landessumme in Prozent
Imst	206	16,4	177	10,5	383
Innsbruck	136	10,8	231	13,8	367
Kitzbühel	38	3,0	261	15,6	299
Kufstein	109	8,7	229	13,6	338
Landeck	284	22,6	141	8,4	425
Lienz	331	26,3	289	17,2	620
Reutte	22	1,7	53	3,1	75
Schwaz	133	10,6	297	17,6	430
TIROL	1.259	100,0	1.678	100,0	2.937

Quelle: Eigene Berechnungen nach Unterlagen der Abt. III d/1 der Landesregierung

Imst, Innsbruck-Land und Reutte. Der österreichische Mittelwert lag im Jahr 1957 bei 22 %. In der Steiermark ist der Prozentsatz mit 38 % höher, in Kärnten und Salzburg geringfügig niedriger als in Tirol.
Neben einer gut ausgebauten Hofzufahrt war für die Bergbauernhöfe auch die Versorgung mit elektrischer Energie von entscheidender Bedeutung. Wie aus der folgenden Tabelle hervorgeht, waren im Jahr 1957 immerhin fast 98 % aller landwirtschaftlichen Betriebe damit versorgt. Lediglich im Bezirk Kitzbühel mußten 5,1 % der Betriebe ohne elektrischen Strom auskommen.

Wie aus *Tab. 13* und *Abb. 5* zu erkennen ist, erfolgte der Ablauf der Erschließungstätigkeit zwischen 1951 und 1965 in den einzelnen Bezirken mit zeitlich stark unterschiedlicher Intensität.

Am meisten Höfe erhielten im Zeitraum von 1951 bis 1965 im Bezirk Lienz eine neue Zufahrt. Eine relativ geringe Zahl wurde im Bezirk Kitzbühel neu erschlossen, im Bezirk Reutte waren es außergewöhnlich wenige. Während in Osttirol von 1951 bis 1960 zu rund einem Zehntel aller landwirtschaftlichen Betriebe eine neue Straße gebaut wurde, waren es im Bezirk Kitzbühel nur 1,4 und im Bezirk Reutte gar nur 0,8 %.

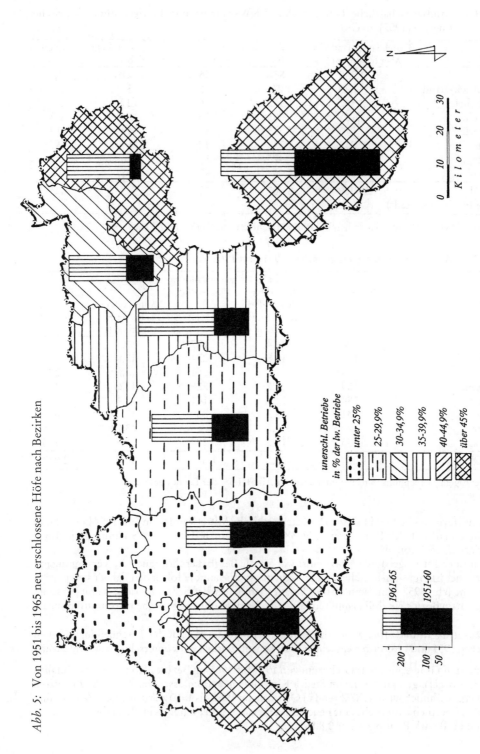

Abb. 5: Von 1951 bis 1965 neu erschlossene Höfe nach Bezirken

Quelle: Eigene Berechnungen nach Unterlagen der Abt. III d/1 der Landesregierung; Ergebnisse der Erhebung landwirtschaftlicher Maschinen und Geräte 1957; eigener Entwurf

Die schwache Erschließungstätigkeit in diesen Bezirken hat zwei verschiedene Ursachen: Im Bezirk Reutte lag der Prozentsatz der unerschlossenen Betriebe von Beginn an sehr niedrig. Die Unterschiede in der Siedlungs- und Besitzstruktur haben es mit sich gebracht, daß im Außerfern mit den Wegebaumaßnahmen schon 1930, im Bezirk Kitzbühel, von geringen Ausnahmen abgesehen, erst Ende der fünfziger Jahre begonnen wurde. Im Streusiedlungsgebiet der östlichen Bezirke war es nicht möglich, wie in den geschlossenen Weilersiedlungen West- und Osttirols im Zuge eines Projekts gleich eine größere Anzahl von Höfen zu erschließen.

Die Anlage der Straßen erfolgte damals in einer bedeutend einfacheren Art, als es heute geschieht, sowohl was den Maschineneinsatz als auch die bautechnische Ausführung betrifft. Speziell in Osttirol war es das Ziel der für den Güterwegebau zuständigen Stellen, möglichst viele Höfe an das öffentliche Straßennetz anzuschließen. Die Kurvenradien waren enger, die Maximalsteigung lag höher, und die Brücken wurden auf eine geringere Tragfähigkeit ausgerichtet. So kam es vor, daß ein Hof im Laufe der letzten 40 Jahre zweimal erschlossen werden mußte.

Voraussetzung für die Aufnahme in ein Erschließungsprogramm war, daß ein Ansuchen der interessierten Hof- und Grundbesitzer vorlag, wobei die Eigentümer eine Einigung über Grundabtretung und Trassenverlauf zustandebringen mußten. Vielfach lag es auch in der Hand von Bürgermeistern und Ortsbauernvertretern, die Bauern zum Bau eines Erschließungsweges zu ermutigen oder vermittelnd einzugreifen. Verzögernd wirkte sich in manchen Fällen die Sorge um den Verlust und die Zersplitterung von landwirtschaftlichen Nutzflächen aus. Wo es möglich war, wurde die Trassenführung geändert, um bei allen Beteiligten eine möglichst hohe Übereinstimmung zu erzielen. Dennoch ist es unter den einzelnen Grundbesitzern immer wieder zu Spannungen gekommen. Normalerweise wurde das gesamte Erschließungsprojekt

Tab. 14: Von 1945 bis 1965 neu erschlossene Höfe nach Gemeinden (Auswahl)

Bezirk	Gemeinde	Zahl der neu erschlossenen Höfe
Landeck	Kappl	73
	Fliess	39
Imst	Haiming	49
	Längenfeld	51
	St. Leonhard	54
Reutte	Steeg	32
Innsbruck-Land	Ellbögen	25
	Matrei a. Brenner	37
	Navis	74
	Sellrain	54
	Steinach a. Brenner	30
Schwaz	Pill	28
	Weerberg	71
Kufstein	Reith i. Alpbach	36
	Söll	29
Kitzbühel	Jochberg	18
Lienz	Abfaltersbach	94
	Anras	42
	Assling	71
	Kartitsch	46
	St. Veit i. Defereggen	44
	Strassen	39
	Virgen	42

Quelle: Abt. III d/1 der Landesregierung, Meldungen an den Bund über die durchgeführten Güterwegsprojekte (1945 – 1965), unveröffentlicht

von der Abt. III d/1 der Landesregierung geplant, beaufsichtigt sowie finanziell und rechtlich abgewickelt. Von 1945 bis 1964 sind aber auch ca. 500 Betriebe im Zuge der Wildbach- und Lawinenverbauung (z. B. Riedberg) sowie durch die Landesforstinspektion oder die Bundesforste erschlossen worden.

Da eine genaue, gemeindeweise Darstellung der unerschlossenen Höfe in der Zeit vor 1966 fehlt, ist es nur mit Hilfe der Abschlußblätter („Fertigmeldungen") möglich, eine detailliertere Übersicht über die Erschließungstätigkeit in den verschiedenen Gemeinden vorzulegen.[6] Eine Verfälschung des tatsächlichen Erschließungsjahres tritt allerdings dann auf, wenn, wie es in einigen Fällen vorgekommen ist, die Fertigmeldung erst lange nach dem Zeitpunkt erfolgt, zu dem der Hof erschlossen worden ist.

In der folgenden Aufstellung wurden in den einzelnen Bezirken jene Gemeinden angeführt, in denen im Zeitraum von 1951 bis 1966 bei bedeutenden Projekten eine große Zahl von Höfen einen Straßenanschluß erhielten.

Bei der Erschließungstätigkeit nach 1960 bestanden im Vergleich zum vorangegangenen Jahrzehnt erheblich andere wirtschaftliche Voraussetzungen. Die starke Ausweitung des privaten Verkehrs, die aus der Zunahme der neuzugelassenen PKWs ersichtlich ist (Österreichische Verkehrsstatistik 1972), vor allem aber das beginnende Wirtschaftswachstum bildeten die Grundlagen für die Errichtung von Straßen, um jene Bergbauernhöfe, die bis zu diesem Zeitpunkt vom Verkehr ausgeschlossen waren, an das Verkehrsnetz anzubinden. Es ist daher verständlich, warum die fünf Jahre von 1961 bis einschließlich 1965 den Schwerpunkt der gesamten Höfeerschließung bildeten. Allein damals wurden in Tirol 1678 Höfe an das öffentliche Straßennetz angeschlossen, im Vergleich dazu waren es in den Jahren vom Zweiten Weltkrieg bis 1960 nur ca. 1300 (vgl. *Tab. 13*). Somit konnte für rund 20 % der Höfe, welche die Maschinenzählung 1957 als unerschlossen einstufte, eine Besserstellung erreicht werden.

Die Bezirke Schwaz und Lienz liegen mit 297 bzw. 289 von 1961 bis 1965 neu erschlossenen Höfen im Spitzenfeld. Außerdem wurden im selben Zeitraum im Bezirk Innsbruck-Land etwa sechsmal soviel, im Bezirk Kitzbühel neunmal soviel und im Bezirk Schwaz fünfmal soviel Höfe neu erschlossen als in den fünf Jahren vorher. Im Bezirk Landeck, der 1956 bis 1960 mit 223 Neuerschließungen noch einen vorderen Platz einnahm, sank die Zahl in den darauffolgenden fünf Jahren auf 141 ab. Im Bezirk Imst lagen die Zuwachsraten bei den neu erschlossenen Höfen klar unter dem Tiroler Durchschnitt.

Offensichtlich wurden ab 1960 die Bezirke im Anerbengebiet mit seinem hohen Streusiedlungsanteil verstärkt in die Erschließung des Siedlungsraumes miteinbezogen und konnten den bis dorthin bestehenden Rückstand aufholen. Dagegen gelangten vor 1960 jene Erschließungsprojekte zuerst zur Ausführung, bei denen mit relativ geringem Aufwand die größte Effizienz zu erwarten war, was vor allem auf das westliche Tirol zutraf.

4.4.4 Die räumliche Verteilung der im Jahr 1966 unerschlossenen Höfe

4.4.4.1 Die Einstufung als „unerschlossener Betrieb"

Bei der Erstellung einer Liste der unerschlossenen Höfe war es notwendig, ein allgemeingültiges Kriterium für die Erschlossenheit festzulegen. „Amtlich" erschlossen ist ein landwirtschaftlicher Betrieb dann, „... wenn ein Weg, der in der schneefreien Jahreszeit ohne Rücksicht auf die Witterungsverhältnisse mit einem normal ausgestatteten Lastkraftwagen befahren werden kann, so nahe an den Hof heranführt, daß eine weitere Weganlage nicht erforderlich ist oder der Bau einer solchen durch den Hofbesitzer ohne öffentliche Hilfe durchgeführt werden kann" (Abt. III /d1 der Landesregierung).

Die Ersterhebung besorgten in den meisten Fällen die Gemeindesekretäre in Zusammenarbeit mit der Abteilung für Güter- und Seilwegebau. Vergleicht man aber die als unerschlossen deklarierten Höfe untereinander, so fällt auf, daß einige mit einem PKW, bei guten Straßenverhältnissen auch mit einem kleineren LKW erreichbar waren bzw. sind, zu anderen wiederum führt(e) nur eine Seilbahn oder überhaupt bloß ein steiler Fußweg.

Aus diesem Grund ist zwischen relativ und absolut unerschlossenen Betrieben zu unterscheiden (vgl. *Bohrn/Malina* 1979, *Schwarzelmüller* 1979). Als relativ unerschlossen können jene Höfe gelten, die eine mit dem PKW oder dem Traktor befahrbare Zufahrt besitzen. Diese Zufahrtswege sind meist sehr schmal, haben große Steigungen und sind bei länger anhaltenden Niederschlägen nicht immer ohne Schwierigkeiten zu befahren, mitunter sogar gefährlich, vor allem wegen fehlender oder mangelhafter Räumung im Winter. In manchen Fällen verhindert eine Brücke mit zu geringer Tragfähigkeit oder ein zu wenig gut befestigtes Straßenstück das Befahren der Straße durch Fahrzeuge über 1,5 t.

Als absolut unerschlossen sollen jene Betriebe bezeichnet werden, die lediglich über einen Fußweg zum Hof verfügen oder bei denen eine Seilbahn, die nur in den seltensten Fällen für einen Personentransport zugelassen ist, die direkte Verbindung zum Tal darstellt.

Da die amtliche Statistik erst in den letzten Jahren die Erschließungsverhältnisse der Höfe genauer angibt, mußte sich die vorliegende Arbeit bei der zeitlichen und räumlichen Differenzierung auf die offizielle Einstufung – erschlossen oder unerschlossen – beziehen und auf eine Aufgliederung in relativ und absolut unerschlossene Höfe verzichten. Im Abschnitt über den derzeitigen Stand der Erschließungsverhältnisse (*Kap. 4.5*) kann dann jedoch näher auf diese Differenzierung eingegangen werden.

4.4.4.2 Die unerschlossenen Höfe nach Bezirken, Regionen und Gemeinden

Von den 287 Gemeinden Tirols gab es mit Jahresende 1966 nur 56, die keine unerschlossenen Höfe zu verzeichnen hatten. Im Bezirk Kitzbühel gab es überhaupt keine, im Bezirk Landeck nur eine Gemeinde ohne einen unerschlossen Hof. Im Bezirk Reutte dagegen waren in 22 von 37 Gemeinden alle Bergbauernhöfe erschlossen. Der relative Anteil der unerschlossenen Betriebe ist in Osttirol sowohl im Verhältnis zur Zahl der Rinderhalter (43,5 %) als auch zu jener der landwirtschaftlichen Betriebe am größten. Die Bezirke Kitzbühel und Kufstein folgen an zweiter Stelle. Sehr gering ist die Zahl der unerschlossenen Betriebe im Bezirk Reutte (113), wo sie nur knapp 6 % aller Rinderhalter ausmacht (vgl. *Tab. 15*).

Dem Anteil an der Landessumme nach liegt Osttirol mit 20,4 % an erster Stelle, auf Grund der hohen Zahl an Betrieben folgt der Bezirk Innsbruck-Land mit 16,3 %.

Wie eng der Zusammenhang von Höfeerschließung und Siedlungsbestand ist, geht daraus hervor, daß von den im Jahr 1962 erhobenen 162 entsiedlungsgefährdeten Betrieben im Bezirk Kitzbühel rund 77 % unerschlossen waren. Für Osttirol kann unter Berücksichtigung der 1972 durchgeführten Neuerhebung angenommen werden, daß es dort ein ebenso hoher Anteil war. Mit Ausnahme der Bezirke Imst und Reutte betrug der Prozentsatz der unerschlossenen Betriebe an den entsiedlungsgefährdeten Betrieben in den übrigen Bezirken über 50 %. In den darauffolgenden Jahren ist dieses Verhältnis weiter gesunken, wobei die Zahl der entsiedlungsgefährdeten Betriebe gleich blieb. Dies entspricht jedoch nicht mehr den Tatsachen, denn viele der ehemals als entsiedlungsgefährdet eingestuften Höfe sind aufgrund der Erschließung, sonstiger wirtschaftlicher Veränderungen oder wegen Betriebsauflassung nicht mehr als entsiedlungsgefährdet anzusehen.[7]

Tab. 16 zeigt die Unterschiede nach Gemeindetypen auf. Der bereits an anderer Stelle genannte Einfluß des Reliefs wird durch den Vergleich der Gemeinden mit geringer und jenen mit hoher bis extremer Betriebserschwernis deutlich. Im Jahre 1966 lag der Anteil der unerschlossenen Betriebe in Gemeinden mit hoher Erschwernis bei 39,1 %, während er in den Gemeinden mit geringer Betriebserschwernis nur ein Drittel davon betrug.[8] Diese Aussage erscheint für Tirol selbstverständlich, weist aber darauf hin, daß in Berglagen bedeutend andere Strukturen vorherrschen als z. B. im Mühlviertel, wo die von *Bohrn/Malina* (1979) untersuchten unerschlossenen Betriebe in einem Gebiet mit nur geringer bis mittlerer Betriebserschwernis lagen.

Tab. 15: Die im Jahr 1966 unerschlossenen Höfe in Tirol nach Bezirken

Bezirk	Gemeinden gesamt	davon erschl. abs.	in %	rinderhaltende Betriebe 1965 Anzahl	unerschlossene Höfe	Anteil an rinderh. B. landw. B.	Landessum.	entsiedlungsgefährdete Höfe Anzahl	davon unerschl. in %
Imst	27	7	29	2.710	497	18,3	16,8	9,4	533	42,4
Innsbruck	70	17	24	4.055	862	21,4	16,2	16,3	195	61,6
Kitzbühel	20	0	0	2.197	767	34,9	28,8	14,4	162	76,5
Kufstein	31	3	10	2.618	570	21,8	17,4	10,7	153	60,8
Landeck	30	1	3	2.586	757	29,3	26,9	14,3	782	51,6
Lienz	34	3	9	2.496	1.086	43,5	35,3	20,5	455	75,0*
Reutte	37	22	59	1.918	113	5,9	4,8	2,1	260	23,6
Schwaz	41	3	7	2.298	651	28,3	23,2	12,3	319	54,8
Tirol	287	56	20	20.878	5.308	25,4	20,9	100,0	2.859	54,0

* Errechneter Wert unter Miteinbeziehung der Mitte der siebziger Jahre neu aufgenommenen unerschlossenen Bergbauernhöfe.

Quellen: ABT. III d/1 des Amtes der Tiroler Landesregierung, interne Aufzeichnungen
ÖSTZ, land- und forstwirtsch. Betriebszählung 1960
SITRO Computerausdruck, rinderhaltende Betriebe 1965

Tab. 16: Anteil der unerschlossenen Höfe an den Rinderhaltern nach verschiedenen Gemeindetypen (1966) in Prozent

Bezirk	gesamt	In Gemeinden mit hoher Betriebserschwernis	geringer Betriebserschwernis
Imst	18,3	33,0	6,6
Innsbruck	21,4	46,7	8,2
Kitzbühel	34,9	44,4	26,6
Kufstein	21,8	38,3	13,3
Landeck	29,3	32,2	11,6
Lienz	43,5	50,4	27,0
Reutte	5,9	13,8	0,5
Schwaz	28,3	44,4	10,7
TIROL	25,4	39,1	11,7

Quelle: ÖROK 1981, eigene Berechnungen

Betrachtet man die Verteilung der ehemals unerschlossenen Höfe nicht nur gemeindeweise, sondern nach Kleinregionen, so sind bestimmte regionale Schwerpunkte sehr gut zu erkennen. Absolut am meisten unerschlossene Höfe verzeichneten die Gemeinden Kappl (152), Wildschönau (134), Hopfgarten i. Brixental (120), Fieberbrunn und Strengen (mit jeweils 102). In den Gemeinden Strengen und Untertilliach waren 9 von 10 Bergbauernhöfen im Jahr 1966 noch nicht an das öffentliche Straßennetz angeschlossen. Aus *Tab.1* im *Anhang* können die Verhältnisse in den Gemeinden Tirols entnommen werden.

4.4.4.3 Verteilung nach der Höhenlage

Mit Hilfe des Tiroler Landwirtschaftskatasters[9], der Blätter der Österreichkarte 1:50.000 und nicht zuletzt durch das Aufsuchen vieler Höfe im Rahmen der Erhebungsarbeit konnten von den

Tab. 17: Unerschlossene Höfe und ihr Anteil an den rinderhaltenden Betrieben nach Regionen (1966)

Region/Tal	Unerschlossene Höfe 1966 absolut	in % der Rinderhalter
Landeck und Umgebung	230	32
Stanzertal	43	38
Oberes Gericht	143	15
Paznauntal	241	48
Imst – Mieminger Plateau	82	6
Pitztal	205	36
Ötztal	210	25
Zwischentoren	46	11
Oberes Lechtal	46	7
Reutte und Umgebung	21	3
Innsbruck – Wattens	174	17
Stubaital	107	30
Wipptal	321	44
Sellraintal	76	51
Östl./westl. Mittelgebirge	99	15
Zirl – Telfs	90	8
Schwaz – Jenbach	170	22
Vorderes Zillertal	174	26
Hinteres Zillertal	282	40
Achental	25	16
Brixental	253	43
Kitzbühel und Umgebung	193	39
Pillersee – Fieberbrunn	113	42
St. Johann – Kössen	208	25
Untere Schranne	46	11
Kundl – Kufstein	175	19
Brixlegg und Umgebung	137	22
Wildschönau	134	55
Söll – Landl	78	21
Oberes Iseltal	236	46
Defereggental	150	60
Lienz und Umgebung	257	30
Osttiroler Pustertal	216	42
Tilliach	81	60
Villgratental	146	68

Quelle: Eigene Berechnungen nach Unterlagen der Abt. III d/1 der Landesregierung, Allgemeine Viehzählung 1965

im Jahr 1966 bestehenden 5308 unerschlossenen Höfen 4728 und somit fast 90 % nach ihrer (absoluten und relativen) Höhenlage eingeordnet werden. Für die Einteilung nach der absoluten Höhe wurden zwischen 600 und 1700 m Meereshöhe 13 Stufen zu jeweils 100 m ausgewiesen.

Wie aus *Abb. 6* und aus *Tab. 3* im Anhang zu entnehmen ist, erstrecken sich die unerschlossenen Höfe in den Bezirken Imst und Lienz über eine größere Höhendifferenz als in den Bezirken Kufstein, Kitzbühel und Reutte. Die klimatischen Verhältnisse am Nordrand der Alpen und die daraus resultierenden ungünstigeren Anbaubedingungen sind dabei mitbestimmend. In den 2 Unterländer Bezirken beeinflußt zudem die bedeutend tiefer liegende Talbasis die absolute Höhe der Bergbauernhöfe.

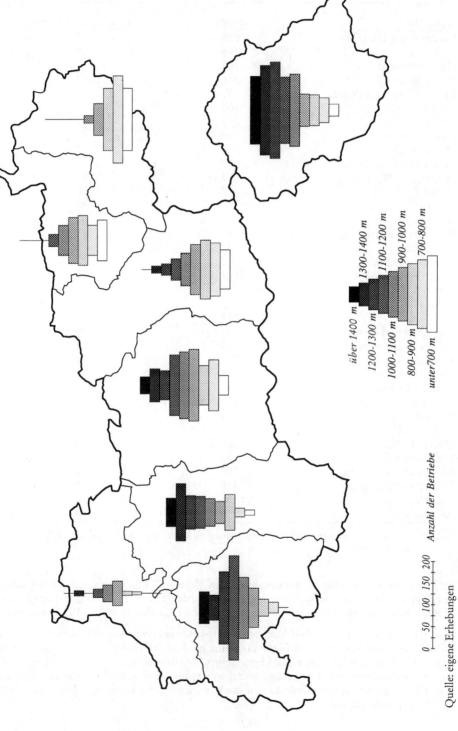

Abb. 6: Die absolute Höhe der im Jahr 1966 unerschlossenen Bergbauernhöfe nach Bezirken

Quelle: eigene Erhebungen

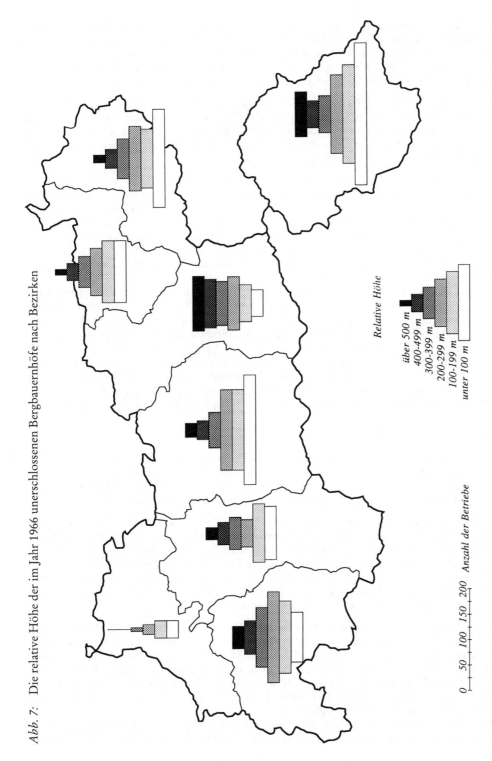

Abb. 7: Die relative Höhe der im Jahr 1966 unerschlossenen Bergbauernhöfe nach Bezirken

Quelle: eigene Erhebungen

Im Bezirk Imst lagen die meisten unerschlossenen Höfe auf einer Höhe von 1400 bis 1500 m. Die Begründung dafür ist vor allem durch das Ötztal und das Pitztal gegeben, deren Siedlungen am Talboden Höhen zwischen 800 und 1700 m, im Innerötztal bei Obergurgl und Vent sogar 1900 m erreichen. Im Bezirk Landeck konnten im Bereich zwischen 1200 und 1400 m, in Osttirol zwischen 1300 und 1500 m am meisten unerschlossene Höfe erhoben werden.

Im Nordosten Tirols befinden sich die höchstgelegenen Höfe in jener absoluten Höhe, welche im Westtiroler Raum dem Talbereich entspricht. Dabei sind diese Höfe meist auch jene, die im gesamten Dauersiedlungsraum im Grenzbereich liegen und am ehesten in ihrer Existenz gefährdet sind. Bei der Beurteilung der Lage eines Hofes ist daher die relative Höhe ein viel wichtigeres Kriterium als die absolute.

Bei der Zuordnung der ehemals unerschlossenen Betriebe zur relativen Höhe wurden Abschnitte zu je 100 m gebildet, wobei die höchste (= achte) Stufe den Bereich über 700 m relative Höhe umfaßt. Neben der bezirksweisen Aufgliederung ist auch hier wieder die kleinregionale Betrachtungsweise aufschlußreich (vgl. *Abb. 7* und *Tab. 4* im Anhang) . Im Ötztal, in Reutte und Umgebung, im Stubaital, Wipptal, Sellraintal, im Gebiet Pillersee-St. Johann-Kössen lagen mehr als 40 % der unerschlossenen Höfe in einer Zone, die den Talgrund nicht mehr als 100 m übersteigt. In Osttirol sind im Pustertal, Lesachtal und im oberen Iseltal ebenfalls sehr viele Höfe im talnahen Bereich zu finden.

Dagegen waren im Zillertal, im Paznauntal, im Oberen Gericht und im Villgratental viele unerschlossene Höfen in einer großen relativen Höhe (über 400 m) anzutreffen. Hier ist für die Erschließung ein besonders hoher Aufwand notwendig, vor allem dann, wenn auch die Verkehrswege im unteren Hangbereich noch nicht geschaffen wurden. Wo Mittelgebirgsterrassen vorhanden sind, wie im Raum Hall – Schwaz, wird der Aufwand vermindert.

Die große Entfernung der unerschlossenen Höfe vom Talgrund bringt schwerwiegende Nachteile mit sich. So muß für die Überwindung eines Höhenunterschiedes von 400 m unter normalen Bedingungen eine Gehzeit von einer Stunde gerechnet werden. Von Kindern, beim Tragen von schweren Lasten oder bei Schneelage wird diese Zeit allerdings beträchtlich überschritten.

4.4.4.4 *Landesweiter Überblick*

Im folgenden Abschnitt wird vor allem auf jene Gebiete näher eingegangen werden, die im Jahr 1966 bei der Ersterhebung noch viele unerschlossenen Höfe zu verzeichnen hatten oder in denen die außergewöhnliche Lage auf die Höfe aufmerksam macht. Es soll dabei ein Bild über Lage und Verteilung der unerschlossenen Höfe vor Beginn der Erschließungstätigkeit gezeichnet werden.

Im Westen Tirols, im Paznauntal liegen die höchsten Siedlungen mehr als 400 m über dem Talboden. Kappl mit seiner stark zergliederten Siedlungsstruktur war mit 152 unerschlossenen Höfen jene Gemeinde Tirols mit der größten Anzahl. Auf einem nach Süden exponierten Hang, der sich über 7 km erstreckt, liegen nicht weniger als 19 Weilersiedlungen zwischen 100 und 450 m über dem Talboden. Die höchstgelegenen Weiler-Schrofen, Flung und Oberhaus reihen sich auf einer Höhe von 1500 m aneinander. Die einzelnen Weiler sind durch Gräben mit starker Lawinen- und Murengefährdung voneinander getrennt.

Ausgehend vom Ort Kappl wurde zwar bereits 1950 mit den Erschließungsarbeiten begonnen, doch warten einige Höfe in Oberhaus und Plattwies noch heute auf einen zeitgemäßen Straßenanschluß. Wenn man bedenkt, daß hier kein Hof als Vollerwerbsbetrieb bestehen kann, die Bauern auf einen Nebenerwerb im Tal oder auswärts angewiesen sind, so ist es kaum vorstellbar, daß bis vor einigen Jahren ganze Weiler noch nicht mit dem Auto erreichbar waren. Mit einer Materialseilbahn wurde hier über viele Jahre hinweg von Habigen, Gemeinde See, aus die Güterbeförderung bewerkstelligt.

Oberhalb der Schluchtstrecke der Trisanna, zwischen Trisannabrücke und See, liegen die Siedlungen Glittstein und Rauth auf der linken, Giggl und Frödenegg auf der rechten Talseite in

Bild 4: Die um 1970 neu erschlossene Weilersiedlung Egg in der Gemeinde Kappl im Paznauntal. Auffallend in diesem Talabschnitt ist der relativ hohe Anteil an Ackerflächen (vorwiegend Kartoffel- und Getreideanbau) auf den Steilhängen.

einer Seehöhe von 1350 m, 300 bis 400 m höher als der Talgrund. In See waren 1960 50 Höfe oder 72 % der Rinderhalter ohne Zufahrtsweg, in Tobadill 36 oder 58 %.

Gemessen an den Rinderhaltern erreichte 1966 die Gemeinde Strengen im Stanzer Tal mit 90 % (102 Höfe) den höchsten Anteil an unerschlossenen Betrieben in ganz Nordtirol. Heute sind fast alle Betriebe in den ehemals unerschlossenen Fraktionen Varill, Obweg (1400 m), Unterweg und Brunnen erschlossen.

Im Oberen Gericht liegen in Nauders zwei Hofgruppen ca. 300 m über dem Ort, in Spiß befindet sich der Weiler Gstalden auf einer Höhe von 1712 m, der Talgrund etwa bei 1200 m. Die obersten Höfe von „Hinterkobl" bei Pfunds erreichen 1580 m, woraus sich ein Höhenunterschied von fast 600 m ableitet. Diese Höfe sind aber heute alle erschlossen.

Auf einer Hangverebnung liegt 500 m über Tösens der Weiler Boden auf 1400 bis 1500 m Höhe. Derzeit wird zu ihm mit großem Aufwand eine neue Straße gebaut, da die in den fünfziger Jahren errichtete alte Straße den heutigen Anforderungen bei weitem nicht mehr entspricht. Großangelegte Felsarbeiten mußten durchgeführt werden, und die Vegetation an den Hängen wurde sehr in Mitleidenschaft gezogen. Inwieweit die nach Meinung des Verfassers überdimensional angelegte Straße auch weniger großzügig hätte angelegt werden können, sei dahingestellt. Um 1850 soll es dort etwa doppelt so viele Haushalte mit landwirtschaftlichen Betrieben gegeben haben als heute. Doppel- und Dreifachexistenzen unter einem Dach waren häufig anzutreffen, es gab sogar mehrere Kochstellen in einem Raum. In den dreißiger Jahren dieses Jahrhunderts sind etliche Bewohner dieser extrem gelegenen Siedlung nach Amerika ausgewandert. Bis 1986 bestand eine Schule, nun werden die Schulkinder mit einem Kleinbus ins Tal gebracht.

Im breiten Terrassengelände westlich von Ried liegen in den geschlossenen Dörfern Serfaus, Fiss und Ladis die wenigen Einzelhöfe alle unter 1450 m. Am Kaunerberg wurden in Wiese und

Bild 5: Erinnerungstafel an die letzten Bewohner von Oberfalpetan im Kaunertal. Seit dem Tod der beiden Frauen wird dieser extrem abgelegene und lawinengefährdete Weiler nicht mehr ständig bewohnt.

Oberfalpetan die Höfe auf einer Höhe von über 1600 m angelegt, was bei einem Talniveau von rund 1000 m einen relativen Höhenunterschied von mehr als 600 m ergibt. Die beiden Frauen, die den heute noch unerschlossenen Weiler Oberfalpetan als letzte bewohnt haben, sind zu Beginn der siebziger Jahre gestorben. Einige Höfe werden heute als Zweitwohnsitze genutzt, andere sind dem Verfall preisgegeben. Die widrigen Umstände – schwierigste Bearbeitungsmöglichkeit und extreme Lawinengefahr – lassen befürchten, daß sie auch in Zukunft nicht mehr bewirtschaftet werden. Bei aller Einsicht für eine nachhaltige Bewirtschaftung der Bergregionen muß für dieses extreme Gebiet eine solche in Frage gestellt werden.

Die bei der Pontlazerbrücke 615 m über dem Talboden liegenden Hofgruppen Puschlin und Falpaus waren bereits Anfang der sechziger Jahre im Zuge des Straßenbaues über den Piller Sattel erschlossen worden.

Hochgallmigg, eine 400 m über dem Inntal liegende und zur Gemeinde Fliess gehörende Siedlung mit dörflichem Charakter, hat erst um 1970 eine den heutigen Erfordernissen entsprechende Zufahrt erhalten. An der Südseite des Inntals zwischen Landeck und Imst erreichen die obersten Höfe der Terrassensiedlungen Falterschein und Grist 1300 m, fast 600 m über der Talsohle. 1994 waren hier noch 9 Höfe offiziell unerschlossen.

Der Bezirk Reutte stellt insofern eine Besonderheit dar, als die Zahl der unerschlossenen Höfen (1966: 113) geringer ist als in einzelnen Gemeinden anderer Bezirke (z. B. Kappl, Wildschönau, Hopfgarten). Im Außerfern überwiegt die geschlossene Siedlung, und die Orte liegen meistens am Talboden. Der Anteil der Streusiedlungen ist, mit Ausnahme der Berggemeinden im oberen Lechtal, gering. Steile Bergflanken und ungünstige klimatische Bedingungen haben den Siedlungsausbau auf den hochgelegenen Hanglagen in weiten Bereichen nicht zugelassen. Im oberen Lechtal beträgt die Höhendifferenz vom Tal zu den höchstgelegenen Höfe in Steeg (Oberellenbogen: 1340 m) und in Holzgau (Gföll: 1306 m, Schiggen: 1285 m) knapp 200 m. Die obersten Höfe der Seitentäler liegen in Kaisers bei 1540 m und somit 300 m über der Mündungsschlucht des Kaisertales[10]. Die Gemeinde Berwang hat heute noch offiziell 20 unerschlossene Höfe und somit die meisten im ganzen Bezirk Reutte. Die Weiler Kleinstockach und Bichlbächle, in einem kleinen, stark lawinengefährdeten Nebental südöstlich des Ortes Berwang gelegen, gelten zwar nach auch heute noch nach der Einstufung der Landesregierung als unerschlossen, sind aber gut mit dem Auto erreichbar. Die Überalterung der Bevölkerung in diesen beiden Weilern ist ebenso wie das Auflassen mehrerer landwirtschaftlicher Betriebe ein Ausdruck ihrer geringen Attraktivität.

Sölden im Ötztal mit 97 und St. Leonhard im Pitztal mit ursprünglich 67 unerschlossenen Höfen waren im Bezirk Imst die Gemeinden mit den Spitzenwerten. Beide Gemeinden gehören zu den flächengrößten Österreichs und mit nur 1,2 % (Sölden) und 1,8 % (St. Leonhard) intensiv landwirtschaftlich nutzbarer Fläche auch zu jenen mit einem besonders großen Ödlandanteil. In den beiden Tälern erschwerten die steilen Hänge, die stellenweise felsdurchsetzt sind, lange Zeit die Erschließung.

Viele Bergbauernhöfe des Ötztales und des Pitztales liegen einzeln oder in kleinen Weilern verstreut auf den Hangschultern, wobei die Entfernungen zur Talstraße hier nicht so groß sind wie im nordöstlichen Teil von Tirol. Die Höhenunterschiede zwischen Talboden und oberer Siedlungsgrenze erreichen im äußeren Talbereich naturbedingt bedeutend höhere Werte als im Talinneren.

Die beiden Rofenhöfe, neben denen vor einigen Jahren ein wuchtiger, überhaupt nicht ins Gesamtbild passender Neubau errichtet wurde, sind mit 2014 m Seehöhe die höchstgelegenen Bauernhöfe in Österreich. Sie liegen 100 m höher als Vent, nur wenig über dem Talgrund, und wurden offiziell 1982 an das Straßennetz angeschlossen. Viele der ehemals unerschlossenen Höfe in der Gemeinde Sölden befinden sich durchschnittlich 200 m über dem Ortszentrum am Ausgang des Rettenbachtales nahe der Schipiste und sind nun sehr stark in die Fremdenverkehrswirtschaft eingebunden.

Im mittleren Abschnitt des Ötztales liegen am Südhang des „Breiten Grieskogels" (3287 m) die Höfe des Weilers Winnebach auf fast 1700 m, und heute noch wird einer als unerschlossen angesehen. Die Hofgruppe von Farst, Gemeinde Umhausen, beeindruckt weniger wegen der relativen Höhe von 450 m über dem Tal als durch seine extreme Lage auf dem steilen, mit Felsen durchsetzten Hang, der durch den Straßenbau nun mehrfach durchschnitten wurde.

Bild 6: Bichlbächle in der Gemeinde Berwang, Bezirk Reutte. Trotz einer Stützverbauung, die zum Schutz der Wohngebäude gegen das Abbrechen von Lawinen errichtet wurde, hat die Mehrzahl der Bauernhöfe die Rinderhaltung aufgegeben. Die Einwohnerzahl ist in den letzten Jahrzehnten ständig gesunken.

Über Ötz erheben sich die Einzelhöfe am sonnseitigen Hang 500 m über der Talsohle, im Nedertal, das sich von Kühtai herunterzieht, trifft man die höchsten Höfe des Weilers Obergut auf 1720 m Höhe an. Dieser Weiler wurde im Zuge des Baues der Straße von Haiming ins Kühtai an das Verkehrsnetz angeschlossen.

Die relativ große Zahl an unerschlossenen Höfen im Pitztal hat ihre Ursache im Fehlen der Zufahrtswege Arzl-Plattenrain, Arzl-Leins, Jerzens-Kaitanger und am Sonnberg von Wenns. Die meisten dieser Höfe sind auf einer Höhe von 1100 bis 1300 m zu finden, 300 bis 400 m über dem tief eingeschnittenen Lauf der Pitze.

In St. Leonhard liegen sehr viele der ehemals unerschlossenen Höfe, mit Ausnahme von Außerlehen, Oberlehen und der nur über einen lawinengefährdeten Zufahrtsweg erreichbaren Weilersiedlung Rehwald in keiner allzugroßen Entfernung von der Pitztaler Landesstraße.

Im Bezirk Innsbruck-Land waren, im Gegensatz zu den Gemeinden in den Gunstlagen des Inntals, in den Seitentälern noch etliche Gemeinden mit einer hohen Zahl von unerschlossenen Höfen. Weniger gilt dies für das Gebiet der Nördlichen Kalkalpen, wo die Landwirtschaft durch Klima, Bodenbeschaffenheit und Relief benachteiligt ist und die Siedlungen vorwiegend am Talboden sich ausbreiten. Hier gab es schon immer nur wenig unerschlossene Höfe.

Auf dem südlichen Terrassengelände bei Inzing waren 28 Höfe ohne Zufahrt, wobei keiner höher als 950 m zu finden ist. In Oberperfuss liegen die Höfe „Gfaß" bereits auf 1500 m Höhe. Damit ergibt sich eine vertikale Differenz von 700 m zwischen dem Mündungsbereich des Sellraintales und den zwei bis zum Jahr 1980 unerschlossenen Höfe. Im Sellraintal fallen vor allem die extremen Hangsiedlungen St. Quirin, Perfall und Stallwies auf; insgesamt waren hier ursprünglich 46 Höfe (= 54 % der Rinderhalter) nicht an das öffentliche Straßennetz angeschlossen. Im Talinneren liegt die Mehrzahl der Bergbauernhöfe am Talboden oder nur wenig darüber.

In Neustift im Stubaital zählte man im Jahr 1966 62 unerschlossene Höfe (36 % der Rinderhalter). Vor allem im Oberbergtal gab es eine beträchtliche Anzahl, die erst 1970 eine vollwertige Straßenverbindung erhielten. Die Zufahrt im Winter ist jedoch extrem lawinengefährdet. Da gerade die Nebenerwerbsbauern eine ständig befahrbare Straße brauchen, haben einige lawinenreiche Winter dazu geführt, daß die Bewohner von vier der acht Häuser im Gebiet Seduck-Hasen, trotz einer Aussprache mit Vertretern der Landesregierung, ihren Hof verließen, obwohl kurz vorher ein neuer Zufahrtsweg gebaut worden war. Heute werden die Häuser zum Teil im Sommer bewohnt und die Wiesen gemäht. Aufgrund der schweren Erschließbarkeit blieben die beiden Hofpaare Pfurtschell und Kartnall an der linken Talseite, 300 bis 350 m über Neustift, lange benachteiligt und wurden erst vor wenigen Jahren mit viel Aufwand erschlossen. Den relativ größten Talabstand im ganzen Stubaital finden wir im äußeren Talbereich bei den „Gleinser Höfen" im Gemeindegebiet von Schönberg. Eine Straße erschließt heute fast alle Höfe und viele Wochenendhäuser, der „Hummerhof" ist allerdings noch ohne Hofzufahrt.

Mit 74 Höfen (= 59 % der Rinderhalter) war 1966 in Navis im Bezirk Innsbruck-Land die Anzahl der unerschlossenen Höfe am größten. Die Anteile in Schmirn (59 % der Rinderhalter), Ellbögen (58 %), Gries am Brenner (48 %) und Pfons (65 %) zeigen, daß das Nordtiroler Wipptal zu jenen Tälern Tirols gehörte, wo besonders viele bäuerliche Wirtschaften ohne Zufahrt waren. Heute sind davon nur mehr wenige übrig. Das Navistal bildet ein typisches Beispiel einer ausgedehnten Streusiedlungsgemeinde. Die Höfe reihen sich durchwegs am sonnseitigen Hang entlang des Außer-, Ober- und Unterweges auf. Die ersten Erschließungsmaßnahmen wurden noch während des Zweiten Weltkrieges begonnen, bis 1945 arbeiteten Kriegsgefangene aus Frankreich, Rußland und Jugoslawien an der Straße ins Talinnere[11]. Die Erschließung der restlichen Höfe würde wegen der zu errichtenden geringen Weglängen keinen allzu großen Aufwand erfordern. Daß es bisher doch nicht dazu gekommen ist, hat zwei Ursachen: einerseits haben fast alle diese Höfe einen provisorischen Zufahrtsweg und scheuen die finanzielle Belastung einer Neutrassierung, andererseits gibt es Probleme bei der Grundablöse durch den Nachbarn. Zu den unerschlossenen Betrieben gehören auch jene zwei in der Nähe des Navisbaches, die jedoch wegen ihrer denkbar ungünstigen Lage und Arbeitsbedingungen sowie der kleinen Besitzflächen aufgelassen wurden. Die höchstgelegenen Höfe dieser Gemeinde liegen im Weiler Grün auf 1500 m, nur etwa 150 m über dem Talgrund.

Die Höfe am Padaunersattel auf 1570 m Seehöhe zwischen Valser Tal und Brennersee erhielten anfangs der siebziger Jahre einen Straßenanschluß. Im äußeren Schmirntal ist der Hof „Hochgenein" der höchstgelegene im gesamten Silltal, von St. Jodok aus beträgt die Höhendifferenz über 500 m. Die Erschließung der Höfe im Obernbergtal war nicht sehr aufwendig, da sich diese in nicht allzugroßer Entfernung von der Talstraße befinden.

Am Nordende des Wipptales liegt der Hof Hinterlarcher auf 1400 m und somit 600 m über der Sill am Ausgang des Arztales. An der Westseite des Tales erreicht der Nockhof mit 500 m nicht

Bild 7: Der höchstgelegene Hof im Nordtiroler Wipptal: Hochgenein im Schmirntal (links oben). Die Schneeräumung erfordert hier im Winterhalbjahr bedeutende finanzielle Mittel.

mehr den Höhenunterschied der höchstgelegenen Höfe in der gegenüberliegenden Gemeinde Ellbögen.

In Innsbruck und Umgebung sind die Gemeinden Ampass mit 18 ehemals unerschlossenen Höfen (= 42 % der Rinderhalter) und Gnadenwald mit ebenfalls 18 Anwesen (= 50 %), vorwiegend in Mittelgebirgslagen, anzuführen. Das Siedlungsbild an der rechten Hangseite des Inntales zwischen Hall und der Zillermündung wird durch Bergbauernhöfe bis in eine Höhe von 1280 m bestimmt. Dazu gehörten der Oberhoppichl am Großvolderberg, der Obersteindling und der Oberwildstatt (1972 aufgelassen) am Wattenberg sowie Innerst und Hausstatt am Weerberg (bereits vor 1966 erschlossen) in einer relativen Höhe von 700 m. Am nordgerichteten Hang in Gallzein fällt die Obergrenze der ehemals unerschlossenen Höfe auf 920 m ab.
Die Gemeinde Großvolderberg war eine sogenannte Aufbaugemeinde, in welcher vorwiegend ukrainische Kriegsgefangene für den Straßenbau herangezogen wurden. Die Zahl der unerschlossenen Höfe in den Berggemeinden des mittleren Unterinntales war noch Mitte der sechziger Jahre trotz der nahen Industrie hoch. So lag sie in Kolsassberg und Wattenberg deutlich über der 50-%-Marke. Gerade in diesem Raum fällt auf, wie stark damals die Diskrepanz zwischen den Bewohnern im aufstrebenden Industrieort Wattens und dem nur wenige Kilometer entfernten Bergbauerngebiet hinsichtlich der Arbeitsbedingungen und des Lebensstandards, vor allem aber auch im Beharren auf traditionellen Werten war. Als Beispiel dafür sei Wattenberg erwähnt, wo durch die Bestrebungen seitens der Gemeinde und des ehemaligen Schulleiters versucht wurde, die damals in Tirol schon lange abgeschaffte Volksschuloberstufe in der Berggemeinde zu erhalten und die Schulkinder nicht nach Wattens fahren zu lassen.

Im Bezirk Schwaz ist es in einigen Gemeinden weniger die absolute Zahl, die auffällt, als vielmehr der hohe relative Anteil unerschlossener Höfe an den Rinderhaltern. Insbesonders waren das 1966 in den kleinen Berggemeinden des Zillertales: Zellberg 83 % (38 unerschlossenen Höfe)[12],

Brandberg 77 % (24 Höfe), Gerlosberg 62 % (23 Höfe) und Hainzenberg 59 % (23 Höfe). Zu den höchstgelegenen unerschlossenen Höfen des Zillertales gehören jene im Tuxer Tal westlich von Lanersbach auf 1400 bis 1470 m im Weiler Gemais. Auch die Höfe von Juns kommen nahe an die 1500-m-Grenze heran. Der Großteil der mittlerweile erschlossenen Höfe befindet sich nur 100 bis 150 m über dem Talgrund. Auf einer kleinen Verebnung liegt 500 m über dem Talboden von Mayrhofen der Weiler Astegg mit 9 ehemals unerschlossenen Höfen auf einer Höhe von 1170 m.

Die beiden Talhänge des Zillertales zwischen dem Inntal und Mayrhofen bieten zahlreiche Einzelhöfen und Hofgruppen Platz. Die auf der Sonnseite des bei Schwendau mündenden Sidantales gelegenen Höfe der Fraktion Grin auf 1500 m Höhe sind neben jenen in Lanersbach die höchsten im Zillertal. Mit der Erschließung der Höfe am Schwendberg wurde bereits in den fünfziger Jahren begonnen, bis zum obersten Hof mußte ein Höhenunterschied von 900 m überwunden werden. Wenn man bedenkt, daß man für den Aufstieg vom Tal zu den höchstgelegenen Höfen am linken Hang des Sidantales 2 bis 2 1/2 Stunden rechnen muß, so kann man ersehen, wie notwendig die Schaffung einer Straßenverbindung war. Die Straßen zur Erschließung des Schwendberges, des Zellberges, des Emberges und des Riedberges bilden heute die Auffahrten zur Zillertaler Höhenstraße. Die Höhenstraße selbst, die als Mautstraße angelegt wurde, verbindet mehrere große Almen und verläuft in einer Höhe zwischen 1500 und 2000 m. Das stärkste Verkehrsaufkommen herrscht an den Wochenenden im August und September. Im Winter bleibt sie geschlossen.

In Gerlosberg verteilen sich die Bergbauernhöfe auf dem südwest- bis südexponierten Hang auf einer Länge von 8 km, ca. 200 bis 300 m über dem engen und unbesiedelten unteren Abschnitt des Gerlostales. Da die weitverstreuten Höfe die Erschließung erschweren und die Kosten von den einzelnen Interessenten nicht aufgebracht werden können, wurde versucht, mittels eines Finanzierungsplanes zu Beginn der siebziger Jahre im Rahmen des Bergbauernsonderprogramms der Tiroler Landesregierung die Höfeerschließung verstärkt zu fördern. Bei Kosten von 10,7 Mio. Schilling wurden 7,8 Mio. Schilling als Beihilfen geleistet und für den Rest günstige Interessentenkredite gewährt (*Mayr* 1973, 42).

Die Hänge im vorderen und mittleren Zillertal sind kaum gegliedert, breite Terrassen fehlen, Hangverflachungen kommen mit Ausnahme am Stummerberg und Fügenberg nicht vor. Je nach der Neigung breiten sich die Siedlungen am Hartberg ohne auffällige Schwerpunkte mit vielen unerschlossenen Höfen vom Talgrund bei 540 m auf eine Höhe von 1320 m aus, am Gattererberg, Gemeinde Stummerberg, bis 1200 m, am Riedberg und Zellberg nur auf 1000 m. Am Pankratzberg, dem südgerichteten Hang des Finsinggrundes, sind die Höfe Knollwies, Korumanger und Rangglanger auf 1240 m die höchstgelegenen[13]. In Hart im vorderen Zillertal mit den vielen am Hartberg verstreut liegenden Höfe waren 59 landwirtschaftliche Betriebe und somit absolut die meisten im Bezirk Schwaz unerschlossen. Der Anteil jener Höfe, die nach der relativen Höhe über 400 m liegen, ist im Zillertal der höchste des Landes. Während der Anteil der im Jahr 1966 unerschlossenen Bergbauernhöfe, die über 400 m relativer Höhe lagen, im Zillertal 59 % betrug, stieg der Wert im Ötztal nur auf 19 % und im Brixental nur auf 22 %.

Im Inntal am Weerberg und am Pillberg waren es zusammen 91 unerschlossene Höfe was mehr als ein Drittel der Rinderhalter ausmacht. Im Achental mit seinen am Talboden liegenden Höfen, gab es dagegen nur sehr wenige Betriebe ohne ausreichenden Zufahrtsweg.

Ein Gutteil der Gemeinden des Bezirkes Kufstein liegt im Inntal und weist daher nur einen kleinen Anteil an unerschlossenen Bergbauernhöfen auf. In der Gemeinde Wildschönau, ein Hochtal mit mehreren Ortsteilen, gab es im Jahr 1966 134 unerschlossene Höfe, was nach Kappl den zweithöchsten Wert in Tirol bedeutete. Der Anteil der unerschlossenen Höfe an den Rinderhaltern war mit 55 % gleich hoch. Vor 25 Jahren waren noch die meisten Höfe, die nicht unmittelbar im Talgrund lagen, unerschlossen.

Bild 8: Inneralpbach. Dieser Bergsiedlungsraum wird sowohl landwirtschaftlich als auch touristisch sehr stark genutzt. Alle bewirtschafteten Höfe in diesem Gebiet sind erschlossen.

In der Wildschönau steigen die Höfe am Sonnberg bei Auffach höher als östlich davon in Niederau und Oberau. Die obere Siedlungsgrenze verläuft bei Auffach (869 m) ungefähr bei 1300 m, in Niederau bei 1080 m. Der auf einer Terrasse im Inntal liegende Ort Breitenbach ist keine typische Bergbauerngemeinde, trotzdem besaßen 1966, bedingt durch die Streulage, offiziell noch 64 Höfe (46 % der Rinderhalter) keine Zufahrt. Im Alpbachtal befinden sich die höchsten unerschlossenen Höfe am Südwesthang des Schatzberges in einer Höhe von 1200 m, die Höhendifferenz zum Tal beträgt maximal 300 m. Die obersten Höfe am Nordhang bei Hygna, südlich von Reith im Alpbachtal, liegen mehr als 100 m unter jenen in Inneralpbach.

Am Bromberg bei Söll erstreckte sich die große Zahl der ehemals unerschlossenen Höfe in 800 bis 1200 m Höhe, ihre Erschließung erfolgte im wesentlichen in den sechziger Jahren. In Ellmau und Scheffau erreichen nur mehr drei Höfe die 1100-m-Grenze, weiter östlich bei Going gibt es in den Streusiedlungsfraktionen Prama und Aschau keinen Hof, der wesentlich mehr als 100 m über dem Talboden liegt. Die wenigen der ehemals unerschlossenen Höfe im Gebiet der Unteren Schranne verteilen sich auf den Höhenbereich unter 1000 m. Von den 36 Höfen in Thiersee-Landl (650 bis 850 m) finden sich nur sieben zwischen 900 und 1020 m Höhe. Die Obergrenze des unerschlossenen Dauersiedlungsraumes liegt somit in diesem Teil Tirols 1000 m unter jener im Innerötztal.

Im Bezirk Kitzbühel kommt der Einfluß der Siedlungsform, sichtbar durch das Dominieren der Einzelhofsiedlung, in der hohen Zahl unerschlossener Betriebe deutlich zum Ausdruck. Allein in Hopfgarten i. Brixental gab es 1966 120 unerschlossene Höfe, die sich in erster Linie auf die Gemeindeteile Salvenberg, Glantersberg, Penningberg und Gruberberg verteilten. Der höchste der Höfe an den Hängen und den Vorbergen der Hohen Salve ist der Thennwirt auf 1168 m. Hier besteht eine vertikale Höhendifferenz zum Tal von 547 m, am gegenüberliegenden, bedeutend flacheren Penningberg dagegen nur von 300 m.

Bild 9: Streusiedlungsgebiet Penningberg, Gemeinde Hopfgarten i. Brixental

Am Nachtsöllberg in Westendorf und im Spertental, das bei Kirchberg in das Brixental mündet, sind die höchstgelegenen Höfe auf 1100 m zu finden, die relative Höhe beträgt 360 m. 50 % aller früher als unerschlossen gemeldeten Höfe im Brixental liegen zwischen 900 und 1100 m Seehöhe, nur 17,3 % über 1100 m. Im Raum Kitzbühel – Jochberg befinden sich die höchstgelegenen Höfe bei Aurach, in 1150 m, wobei auch hier im oberen Talbereich die Höhenunterschiede zum Tal geringer sind als im unteren.
Im Gebiet Fieberbrunn – Hochfilzen – Pillersee liegt die obere Siedlungsgrenze nur wenig über dem Talgrund, sodaß 87 % aller ehemals unerschlossenen Betriebe den Bereich von 200 m relativer Höhe nicht überschreiten. Wie stark im Jahr 1966 die unerschlossenen Betriebe im Bezirk Kitzbühel vertreten waren, zeigt ihr Anteil an den rinderhaltenden Betrieben. Dieser lag in Fieberbrunn bei 68 %, in Kirchberg bei 50 % (50 Höfe), in Itter bei 56 % und in Westendorf bei 41 % (68 Höfe).
In Kössen und Schwendt liegt die Obergrenze des Dauersiedlungsraumes sowie die früher unerschlossenen Höfe hauptsächlich wegen des niederschlagsreichen Klimas nur mehr auf einer Höhe von maximal 830 m. Am Moserberg und in Bichlach ist zwischen 600 und 800 m die größte Zahl an ehemals unerschlossenen Höfen zu finden.

Die durch die natürlichen Gegebenheiten vorgezeichnete Randlage Osttirols kommt im bergbäuerlichen Siedlungsraum noch mehr zum Tragen. Durch die Fertigstellung der Felbertauernstraße wurde zwar die Verbindung zu Nordtirol verbessert, doch Osttirol aus seiner wirtschaftlichen Isolation zu bringen, ist erst ansatzweise gelungen. Dazu ist der Großteil des Bezirkes Lienz von einem ausgesprochenen Hochgebirgscharakter geprägt, sodaß der Bezirk zu jenen zählt, der bei der Höfeerschließung die schlechteste Ausgangssituation aufweist. In nicht weniger als 8 Gemeinden lag der Anteil der unerschlossenen Höfe an den Rinderhaltern über 60 %: Prägraten, St. Jakob, St. Veit, Ainet, St. Johann i. Walde, Außer- und Innervillgraten.

In der Umgebung von Lienz waren 257 oder 30 % der Betriebe nicht an das öffentliche Verkehrsnetz angeschlossen. Sie befanden sich bei der Ersterhebung im Jahr 1966 in einer Höhe

Bild 10: Die höchstgelegenen, ehemals unerschlossenen Höfe am Versellerberg in Außervillgraten

von 650 und 1500 m, und der größte Teil davon zwischen 1100 und 1200 m. Von den 1086 im Jahr 1966 unerschlossenen Höfen lagen nur 12 % unter einer Höhe von 1000 m, 12,3 % über 1500 m. Da auch in Osttirol alle höchstgelegenen Höfe unerschlossen waren, wird aus ihrer Höhenlage auch die Obergrenze des Dauersiedlungsraumes ersichtlich.

Die meisten unerschlossenen Bergbauernhöfe sind im Iselgebiet zu finden, und gerade hier zeigt sich der Rückstand der peripheren Siedlungslagen besonders deutlich. Mit der großen Höhe des Defereggentales hängt es zusammen, daß fast drei Viertel aller Höfe in über 1400 m liegen – bei einer Höhendifferenz zwischen den höchstgelegenen – heute mittlerweile erschlossenen Höfen von 700 m.

Als extremste Siedlung in Osttirol kann der Weiler Ratzell in Hopfgarten i. Defereggen bezeichnet werden. Mit seiner Erschließung wurde 1991 begonnen. Der Hof Glanz in 1650 m steht nicht weniger als 695 m über dem Talgrund. Die weiter taleinwärts am steilen nördlichen Talhang auf ca. 1600 m Höhe förmlich klebenden Weiler (Rotten) Gsaritzen, Gritzen, Gassen, Großrotte und Oberrotte (Innerberg bei 1710 m) sind 300 und 400 m über der Talsohle angelegt worden.

Im nördlich vom Defereggental gelegenen Virgental verläuft die Obergrenze der Dauersiedlung bei einer Höhe des Talbodens von 1100 m nur in 1530 m (Hof Budam) in Virgen und in 1512 m in Hinterbichl.

In Matrei in Osttirol, das 1966 mit 97 unerschlossenen Höfen den absolut größten Wert von Osttirol zu verzeichnen hatte, liegt in Klaunz an der Ostseite des Tales der oberste Hof in einer Höhe von 1503 m und damit 500 m über dem Talboden. Der Besitzer des Schliederle-Hofes (1719 m) in Kals, einer der höchstgelegenen in Osttirol, hat nach der Hochwasserkatastrophe von 1966 sein Anwesen verlassen und ist in den etwas tiefer gelegenen Hof „Fritz", sein früheres Zulehen, gezogen (*Payr* 1973, 78). In der eher schattseitig gelegenen Gemeinde Schlaiten betrug die durchschnittliche Höhe der Mitte der sechziger Jahre noch unerschlossenen Höfe 850 m, in der Gemeinde Ainet auf der gegenüberliegenden Talseite jedoch 1100 m.

Im Osttiroler Pustertal liegen 70 % der Höfe nicht mehr als 200 m über der Talsohle. Von den 191 hier untersuchten, im Jahr 1966 noch unerschlossenen Höfen lagen 19 über 1400 m, 9 davon sogar über 1500 m. Über dem Bezirksdurchschnitt zu finden war wegen der vielen Einzelhöfe und Weiler der Anteil der unerschlossenen Höfe in Assling (73) und Anras (45). Allerdings sind in diesen beiden Gemeinden bereits vor 1966 mehr als 100 Höfe neu erschlossen worden. Im Villgratental waren 148 Höfe, das sind 68 % aller rinderhaltenden Betriebe, ohne Zufahrt. Die beiden Gemeinden Außer- und Innervillgraten sind ausgesprochene Bergbauerngemeinden mit vielen weit verstreuten und eher kleinen Höfen. Die Hälfte der rinderhaltenden Betriebe lag 1966 in entsiedlungsgefährdetem Gebiet.

Der vordere Teil des Villgratentales stellt ein Engtal dar, das nur wenig Platz für Siedlungen bietet. Die alte Straße ins Villgraten – die Unterscheidung Inner- und Außervillgraten war ursprünglich nicht bekannt – führte über den Sillianer Berg, heute verläuft die Hauptstraße am Talboden. Dieser verbreitert sich im Talinneren, doch überwiegen auch hier wie in Außervillgraten die Einzelhöfe an den sonnseitigen Hängen, die am Hochberg in Innervillgraten eine Höhe von 1700 m erreichen. Am Ahornberg, mit dessen Erschließung erst Mitte der achtziger Jahre begonnen wurde, liegen die Höfe nur 100 bis 150 m über dem Talboden, der oberste Hof am Hochberg dagegen 300 m. Am Versellerberg in Außervillgraten, wo vom Winkeltal aus auffallend viele Materialseilbahnen gebaut wurden, befinden sich die lange Zeit unerschlossen gebliebenen Höfe ebenfalls auf ca. 1700 m, wobei die vertikale Distanz zum Talboden bei etwa 400 m festzulegen wäre. Von Unterwalden, am ostexponierten Hang, steigen die Höfe maximal auf 1500 m, somit 300 m über die Talsohle empor. Nach den zur Verfügung stehenden Daten können im Villgratental 53 % aller ehemals unerschlossenen Betriebe in eine Höhe über 1500 m eingestuft werden.

Das Tiroler Gailtal ist auch heute noch ein ausgesprochen agrarischer Landschaftsraum. Während in Obertilliach und Kartitsch einige große Weiler das Bild bestimmen, die zudem einen relativ kleinen Höhenunterschied zum Tal aufweisen und somit leicht erschließbar waren (St. Oswald, Hollbruck), sind die Verhältnisse in Untertilliach anders. In dieser Gemeinde herrschten ähnliche Ausgangsbedingungen wie im Villgratental. Die durch Streusiedlung und Einödflur gekennzeichneten Fraktionen Klammberg, Kirchberg, Eggen, Winkel und Schattseite konnten alle erst im Laufe der letzten 20 Jahre erschlossen werden. Bis auf eine Ausnahme erheben sich die Höfe im Tiroler Gailtal nicht mehr als 300 m über den Talgrund, und mehr als 70 % davon überschreiten die relative Höhe von 100 m nicht.

4.4.5 Die Erschließungstätigkeit von 1967 bis 1988

Erfolgte die Höfeerschließung bis 1966 wegen des Fehlens einer entsprechenden Liste noch sehr unsystematisch, so wurde durch die Feststellung ihrer Anzahl und Häufung die Möglichkeit geschaffen, besonders benachteiligte Gebiete verstärkt zu berücksichtigen. Von amtlicher Seite – diese war ja für die Erschließungstätigkeit zuständig – wurde versucht, die Zahl der unerschlossenen Höfe in allen Landesteilen gleichmäßig abzubauen. Die zahlenmäßigen Veränderungen, die seit dem Jahr 1966 jährlich gemeindeweise bekannt gegeben werden, vermitteln eine Übersicht über die Erschließungstätigkeit.

Um sprunghafte Veränderungen, wie sie in der Gemeindestatistik auftreten, auszuschalten, wurde im folgenden versucht, die Erschließungstätigkeit nach Bezirken und Kleinregionen zu gliedern. Die Zahl der neu an das Straßennetz angeschlossenen Höfe ist allerdings nicht mit der Abnahme der unerschlossenen Höfe identisch, da man aus der Liste der offiziell unerschlossenen Höfe auch jene gestrichen hat, die nicht durch die Abt. III d/1 des Landes erschlossen wurden, sowie teilweise auch jene, die ihren Betrieb aufgegeben haben.

In den fünf Jahren vor 1966 sind in Tirol 1678 Höfe erschlossen worden, im Zeitraum 1966 bis 1970 waren es nur mehr 1319 und in den folgenden Jahren dann immer weniger, wie *Tab.* 2 im

Anhang zeigt. So war es möglich, den Anteil der unerschlossenen Höfe an den rinderhaltenden Betrieben kontinuierlich zu senken.

Abb. 8: Der Anteil der unerschlossenen Höfe an den rinderhaltenden Betrieben nach Bezirken (1966 bis 1994)

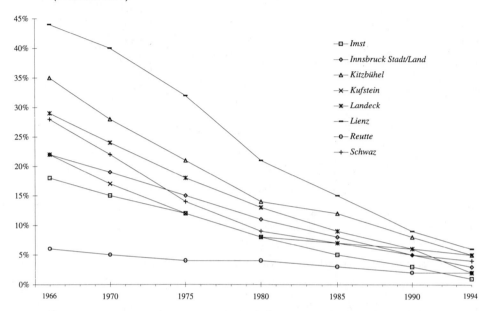

Quelle: Eigene Berechnungen nach Unterlagen der Abt. III d/1 und eigener Entwurf

Es fällt auf, daß von 1966 bis 1970 am meisten Höfe im Bezirk Kitzbühel, nämlich 251, offiziell erschlossen worden sind, in Osttirol waren es 189. In den darauffolgenden 5 Jahren erhielten in Osttirol 203 Höfe einen Straßenanschluß, im Bezirk Innsbruck-Land 161. In der Zeit nach 1974 war es immer der Bezirk Lienz, in dem am meisten Neuerschließungen zu verzeichnen waren. Von 1980 bis 1988 entfielen auf diesen Bezirk fast 30 % aller im gesamten Bundesland neu erschlossenen Höfe.

Im Zeitraum von 1981 bis 1985 wurde in Tirol mit 407 neu an das öffentliche Straßennetz angeschlossenen Höfen nur mehr ein Viertel jener Zahl erreicht, wie sie für 1961 bis 1965 vorliegt, womit der zeitliche Schwerpunkt der Erschließungstätigkeit deutlich zum Ausdruck kommt. Die Gründe dafür sind offensichtlich: Da in den vorangegangenen 30 Jahren die Erschließung des Berggebietes mit großem Aufwand betrieben wurde, sind nur mehr wenige unerschlossene Höfe übriggeblieben, wobei heute die dafür aufgewendeten Kosten pro Hof bedeutend höher sind als früher.

Seit Ende des Zweiten Weltkrieges wurden von allen Bezirken in Osttirol, wo es auch am meisten unerschlossene Höfe gab, die höchsten Werte erreicht. Die Zahl der Neuerschließungen betrug hier bis einschließlich 1993 1344 Höfe, der Bezirk Landeck folgte mit 1075 an zweiter Stelle (vgl. *Tab. 23*). Wie stark die Zahl der unerschlossenen Höfe auch nach 1966 abgenommen hat, kommt in *Abb. 9* deutlich zum Ausdruck. Von 1966 bis zum Jahresende 1994 konnte ihre Zahl von 5308 auf 659 (davon waren 657 Bergbauernhöfe) vermindert werden.

Abb. 9: Veränderungen der Zahl der unerschlossenen Höfe von 1966 bis 1994 nach Bezirken

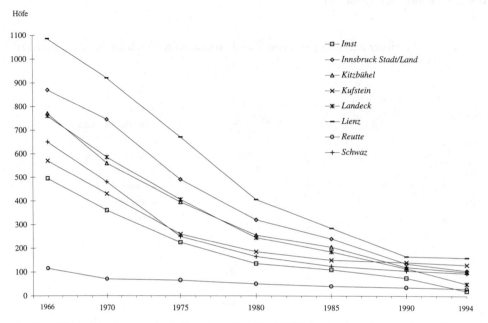

Quelle: Eigene Berechnungen nach Unterlagen der Abt. III d/1 der Landesregierung, eigener Entwurf

Beim Ablauf der Erschließungstätigkeit sind in den verschiedenen Tälern und Regionen des Landes bestimmte Schwerpunkte festzustellen. In den ersten vier Jahren nach 1966 konnte im Ötztal, in Reutte und Umgebung, im Sellraintal und im Gebiet Brixlegg – Alpbachtal die Summe der noch nicht erschlossenen Höfe um mehr als 40 % abgebaut werden. Im Oberen Gericht, in den Berggemeinden zwischen Innsbruck und Weer, im Stubaital und im Osttiroler Gailtal waren es hingegen kaum 15 %. Bis zum Jahr 1976 kamen dann das Pitztal, das obere Lechtal, das Achental, das Söll-Leukental und das Villgratental zu den Regionen mit geringen Abnahmeraten dazu (mehr als 65 % der ehemals unerschlossenen Betriebe waren noch nicht erschlossen). Die Gründe dafür, warum diese Regionen längere Zeit nur wenig Neuerschließungen aufwiesen, sind verschieden. Etliche der unerschlossenen Betriebe hatten bereits eine einigermaßen befahrbare Straßenverbindung. Andere wiederum, wie jene im Pitztal, im oberen Lechtal, im Oberen Gericht oder im Villgratental waren in so extremen Lagen, daß es auch aus finanziellen Gründen nicht dazu kam. Von 1971 bis 1981 erfolgte im Stanzer Tal, Sellrain- und Alpbachtal, in der Wildschönau, im Pillerseegebiet – Fieberbrunn, im Brixental, im Lienzer Becken und im Tiroler Gailtal eine verstärkte Höfeerschließung. Nach 1980 haben im Paznauntal, im Pitztal, im Ötztal, im Navistal, in den Berggemeinden des mittleren Inntales, in Brixen i. Thale, vor allem aber im Iseltal, Defereggental, Osttiroler Pustertal und im Villgratental noch eine bedeutende Zahl an Bergbauernhöfen einen Anschluß an das Straßennetz erhalten.

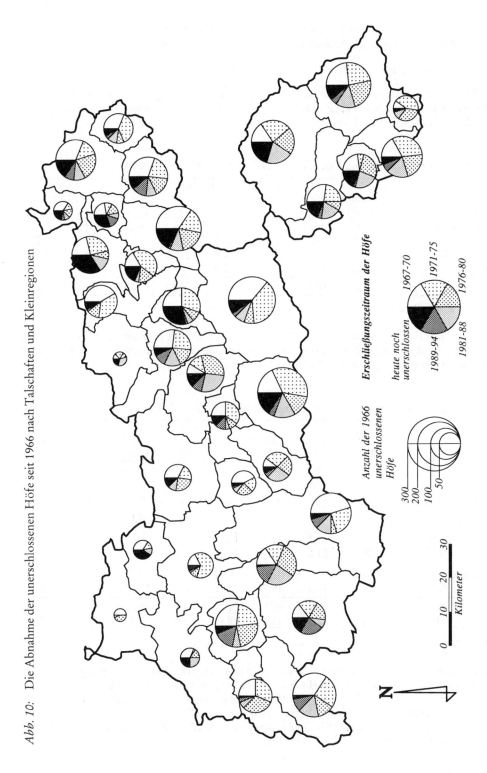

Abb. 10: Die Abnahme der unerschlossenen Höfe seit 1966 nach Talschaften und Kleinregionen

Quelle: eigene Berechnungen nach Unterlagen der Abt. IIId/1

4.4.6 Die Erschließungstätigkeit unter den Gesichtspunkten Höhenlage, Fremdenverkehr, Betriebserschwernis und Erwerbsart

4.4.6.1 Die Höhenlage

Die 3734 Höfe, die nach ihrer Höhenlage eindeutig zu bestimmen waren und zwischen 1967 und 1988 neu an das Verkehrsnetz angeschlossenen wurden, lassen keinen bestimmten Schwerpunkt nach der absoluten Höhe erkennen.

Tab. 18: Absolute Höhe und Erschließungstätigkeit von 1967 bis 1987

Absolute Höhe	Erschließungszeitraum							
	1967 – 1970		1971 – 1975		1976 – 1980		1980 – 1987	
	Anzahl	in %	Anzahl	in %	Anzahl	in %	Anzahl	in %
unter 1000m	382	33,7	438	35,3	226	30,2	191	31,1
1000- 1200m	348	30,7	355	28,6	198	26,5	141	23,0
1200- 1400m	204	18,0	288	23,2	241	32,3	177	28,9
über 1400m	200	17,6	160	12,9	81	10,8	104	17,0
SUMME	1.134	100,0	1.241	100,0	746	100,0	613	100,0

Quelle: Eigene Berechnungen

In allen vier Zeitabschnitten zwischen 1967 und 1987 wurden im untersten Talbereich (bis 200 m) am meisten Höfe neu erschlossen. Mit zunehmender relativer Höhe verringert sich ihre Zahl entsprechend der geringeren Anzahl der Betriebe.

Tab. 19: Relative Höhe und Erschließungstätigkeit von 1967 bis 1987

Erschließungs-zeitraum	Relative Höhe							
	0 –100m	100 –200m	200 –300m	300 –400m	400 –500m	500 –600m	600 –700m	über 700m
1967-1970 abs.	262	265	225	180	136	51	15	0
in %	23,1	23,4	19,8	15,9	12,0	4,5	1,3	0
1971-1975 abs.	346	241	278	195	113	45	21	2
in %	27,9	19,4	22,4	15,7	9,1	3,6	1,7	0,2
1976-1980 abs.	187	162	189	82	53	46	20	7
in %	25,1	21,8	25,3	11,0	7,1	6,1	2,7	1,1
1981-1987 abs.	166	171	121	64	54	23	10	4
in %	27,1	27,9	19,7	10,0	8,8	3,7	1,6	0,7
SUMME abs.	961	839	831	521	356	165	66	13
in %	25,7	22,4	21,8	14,0	9,5	4,4	1,8	0,3

Quelle: Eigene Berechnungen

Einige Auffälligkeiten in einzelnen Bezirken seien hier gesondert herausgestellt (vgl. Abb. 11):
  Osttirol: von 1971 – 1979 sehr viele Neuerschließungen im untersten Talbereich
  Kufstein: von 1971 – 1975 viele Erschließungen in der oberen Höhenstufe
  Kitzbühel: 1976 – 1979 höchste Werte in der Zone von 200 bis 300 m
  Schwaz: zwischen 1966 und 1976 im Bereich zwischen 200 und 500 m relativer Höhe viele Neuerschließungen.

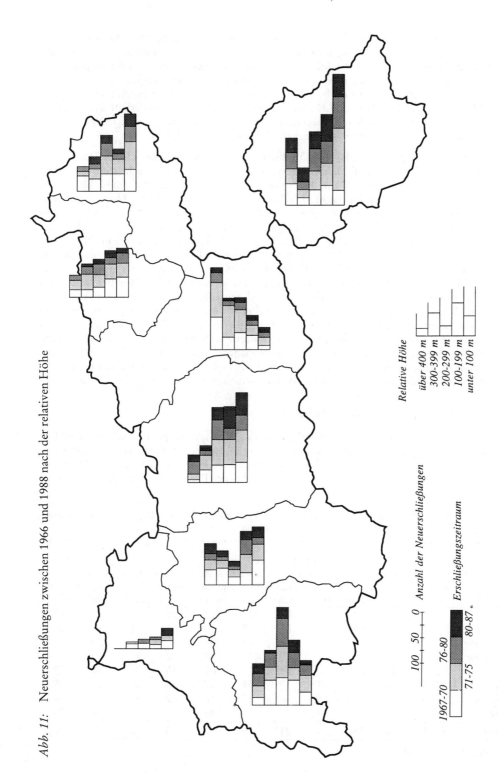

Abb. 11: Neuerschließungen zwischen 1966 und 1988 nach der relativen Höhe

Quelle: eigene Erhebungen

Im Bezirk Schwaz wurden mit fast 300 Neuerschließungen im Zeitraum 1961 bis 1965 der höchste Bezirkswert in Tirol erreicht. Besonders in den Berggemeinden des Zillertales mit den vielen verstreut liegenden Höfen erfolgte zuerst die Erschließung der in Talnähe gelegenen Siedlungen, die höchstgelegenen Höfe kamen zumeist als letzte an die Reihe.
Aufgrund der Siedlungsstruktur im Bezirk Landeck lag hier der Schwerpunkt zwischen 1967 und 1970 im Bereich 0 bis 100 m und 300 bis 400 m relative Höhe. In den darauffolgenden fünf Jahren hingegen wurden zwischen 100 und 200 m mit 63 Höfen fast doppelt so viele Neuerschließungen durchgeführt als in der talbodennahen Höhenstufe unter 100 m.

Insgesamt lagen von den 3734 erhobenen und seit 1967 neu erschlossenen Höfen 25,8 % (961 Höfe) in einer relativen Höhe, die den Talboden nicht mehr als 100 m überschritt. In 608 Fällen (63 %) geschah dies zwischen 1967 und 1976. Von jenen Höfen in einer relativen Höhe von 300 bis 400 m wurden im selben Zeitraum 375 (72 %) neu erschlossen. In der Höhenstufe über 500 m waren es bis 1976 nur rund 57 % der Höfe, dafür war es dann in den nächsten Jahren ein im Vergleich zur unteren Höhenstufe bedeutend höherer Anteil. Für Osttirol läßt sich viel deutlicher als für Nordtirol die Aussage treffen, daß die Erschließungstätigkeit vom Tal aus nach oben hin erfolgte und somit jene Höfe, die am weitesten vom Talboden entfernt lagen, auch als letzte einen Straßenanschluß erhielten. In Nordtirol kam es öfter vor, daß Höfe in großer relativer Höhe früher erschlossen wurden als jene im unteren Bereich. Wie bereits für das Zillertal und den Bezirk Landeck erwähnt, ist dabei die regionale Siedlungsstruktur zu berücksichtigen. Viele Höfe in großer relativer Höhe erhielten in den ersten Jahren nach 1966 vor allem im Paznauntal, im Oberen Gericht, in den Berghanggemeinden des Inntales und im mittleren Zillertal eine Zufahrt. Im nordöstlichen Teil Tirols wurde im Bereich über 300 m relativer Höhe anteilsmäßig mehr erschlossen als darunter. In Nordtirol waren nach zehnjähriger Erschließungstätigkeit im relativen Höhenbereich zwischen 300 und 500 m drei Viertel der im Jahr 1966 unerschlossenen Höfe mit einem Straßenanschluß versehen, in Osttirol nur die Hälfte.

4.4.6.2 Der Einfluß des Fremdenverkehrs

Ob bzw. welchen Einfluß der Fremdenverkehr auf die Verringerung der unerschlossenen Höfe gehabt hat, soll durch einen Vergleich der fremdenverkehrsintensiven mit fremdenverkehrsextensiven Gemeinden verdeutlicht werden. Wie bereits in *Kap. 4.1* erwähnt und die Daten aus *Tab. 20* zeigen, ist der Einfluß des Fremdenverkehrs bei der Erschließungstätigkeit offensicht-

Tab. 20: Die Erschließungstätigkeit (1966 – 1988) in Gemeinden mit intensivem und extensivem Fremdenverkehr

		1966 absolut		\multicolumn{8}{c}{Unerschlossene Höfe}
				1971 in Prozent von 1966		1976 in Prozent von 1966		1981 in Prozent von 1966		1988 in Prozent von 1966	
Bezirk	gesamt	Fremdenverkehr		Fremdenverkehr		Fremdenverkehr		Fremdenverkehr		Fremdenverkehr	
		intensiv	extensiv	intensiv	extensiv	intensiv	extensiv	intensiv	extensiv	intensiv	extensiv
Imst	497	372	125	61	86	45	38	30	20	12	19
Innsbruck	867	327	540	74	85	53	54	34	35	16	20
Kitzbühel	767	767	–	68	–	47	–	30	–	20	–
Kufstein	570	359	211	71	79	43	47	30	35	25	27
Landeck	757	512	245	68	84	37	61	26	36	16	27
Lienz	1.086	309	777	83	79	54	57	35	33	21	15
Reutte	113	78	35	55	86	47	80	42	46	33	14
Schwaz	651	403	248	68	74	39	38	30	26	18	20
Tirol	5.308	3.127	2.181	70	81	46	53	30	33	18	20

Quelle: Eigene Berechnungen

lich. Im Zeitraum 1966 bis 1971 verringerte sich die Zahl der unerschlossenen Höfe in Gemeinden mit intensivem Sommer- und/oder Winterfremdenverkehr von 3127 auf 2180 (–30,3 %). In Gemeinden mit nur schwach ausgeprägtem Fremdenverkehr sank die Zahl von 2181 auf 1767 (–19,0 %). Läßt man Osttirol bei dieser Auswertung unberücksichtigt, so klaffen die Werte noch weiter auseinander: Abnahmerate in den Fremdenverkehrsgemeinden Nordtirols -31,7 % in den fremdenverkehrsschwachen Gemeinden -17,9 %.
Zur Erklärung für diesen doch deutlichen Unterschied können zwei wichtige Gründe angegeben werden: Zum einen sahen die Bauern im unerschlossenen Berggebiet, daß jene in den Fremdenverkehrsgemeinden drunten im Tal durch die Zimmervermietung oft ein beträchtliches Nebeneinkommen erzielen konnten. Der Bau einer Straße zum Hof sollte ihnen ebenfalls die Möglichkeit zu einem zusätzlichen Verdienst verschaffen. Zweitens wurde in den Fremdenverkehrsgemeinden durch die Schaffung von Arbeitsplätzen das tägliche Pendeln ins Tal häufiger praktiziert, was ebenfalls eine gute Straßenverbindung vordringlich machte. In Osttirol hingegen war in den fremdenverkehrsextensiven Gemeinden die Abnahmerate der unerschlossenen Höfen mit -20,8 % geringfügig höher als in der Gemeinde St. Jakob i. Defereggen mit ihrem intensiven Fremdenverkehr, wo die Verringerung bloß -17,5 % betrug.

Die innovative Wirkung des Fremdenverkehrs in den sechziger bis zum Beginn der siebziger Jahre konnte bei den Erhebungen in folgenden Gemeinden besonders gut festgestellt werden: Jerzens, Sölden, Aschau i. Zillertal., Finkenberg, Pill, Weerberg, Zellberg, Aurach, Fieberbrunn, Hopfgarten i. Brixental, Kirchdorf, St. Johann i. Tirol, Westendorf, Alpbach, Reith, Thiersee und St. Veit i. Defereggen. Nach 1970 verringerte sich dann der Abstand. Im Bezirk Lienz macht sich die bereits mehrfach festgestellte Phasenverzögerung in der Form bemerkbar, als hier in allen Gemeinden eine verstärkte Erschließungstätigkeit beobachtet werden kann. Erwähnenswert ist auch der Bezirk Landeck, wo im Jahr 1976 in Gemeinden mit bedeutendem Fremdenverkehr nur mehr 36,5 % (187 Höfe) der im Jahr 1966 festgelegten Höfe unerschlossen waren, in Gemeinden ohne nennenswerten Fremdenverkehr jedoch noch 61,2 % (150 Höfe).
In den Jahren nach 1976 gleichen sich die Erschließungsraten immer mehr an, heute sind in den Fremdenverkehrsgemeinden noch 18,4 % der ehemals unerschlossenen Höfe ohne eine für LKW befahrbare Zufahrt, in den übrigen Gemeinden sind es 19,7 %.

4.4.6.3 Die Betriebserschwernis

Ein weiterer Gesichtspunkt bei der Analyse der Erschließungstätigkeit ist die Betriebserschwernis, wofür sich die von *Bobek/Hofmayer* 1981 vorgenommene Einstufung der Gemeinden anbietet.
Der Rückgang der ehemals unerschlossenen Höfe ist in Gemeinden mit einer hohen Betriebserschwernis in allen Zeitabschnitten zwischen 1966 und 1988 um ca. 5 % größer gewesen als in Gemeinden mit geringer bis mittlerer Betriebserschwernis (*vgl. Tab. 21*). Osttirol ist auch hier eine Ausnahme, denn im Gegensatz zu Nordtirol wurden dort in den Gemeinden mit hoher Betriebserschwernis bis 1981 um 5 % weniger Höfe erschlossen als in jenen mit geringer Erschwernis. Ab 1981 kamen dann in Osttirol überdurchschnittlich viele Betriebe aus den Extremlagen in den Genuß einer Straßenverbindung.
Zu Beginn der 90er Jahre waren in Tirol in den Gemeinden mit geringer bis mittlerer Erschwernis noch 23 % der ehemals unerschlossenen Höfe ohne vollwertigen Straßenanschluß, in den Gemeinden mit extremer bis hoher Erschwernis nur mehr 17 %. Es wurden mehrheitlich solche Betriebe noch nicht erschlossen, deren Betriebserschwernis als „gering" einzustufen ist. Der höhere Anteil an absolut unerschlossenen Höfen in einem Gebiet mit hoher Betriebserschwernis wird für diese Entwicklung wohl mitentscheidend sein. Hinsichtlich dieser Tatsache lassen sich Parallelen zur relativen Höhe der unerschlossenen Betriebe herstellen (*vgl. Abb. 11*). Betriebe mit einer hohen Betriebserschwernis liegen nicht am Talboden, sondern mehr oder weniger weit entfernt davon, eine Zufahrt für sie ist aber von größerer Wichtigkeit. Höfe in

Tab. 21: Anteil der unerschlossenen Höfe in Prozent von 1966 nach der Betriebserschwernis

Landesteil	1966 absolut Erschwernis		1971 in Prozent v. 1966 Erschwernis		1976 in Prozent v. 1966 Erschwernis		1981 in Prozent v.1966 Erschwernis		1988 in Prozent v.1966 Erschwernis	
	gering	hoch	gering	hoch	gering	hoch	gering	hoch	gering	hoch
Westliches Tirol	125	1044	74	68	41	47	22	29	11	17
Mitteltirol	254	937	74	75	50	45	33	31	19	19
Östliches Nordtirol	343	503	78	69	56	42	41	24	32	17
Osttirol	157	879	86	78	60	55	36	33	20	16
Tirol	879	3363	78	73	53	48	35	30	23	17

Quelle: Eigene Berechnungen auf Grundlage der ÖROK-Typisierung (1988)

Zonen mit geringer Betriebserschwernis sind in besseren Lagen anzutreffen und können oft als relativ unerschlossen gelten.

4.4.6.4 Die Erwerbsart

Nicht unerheblich ist die Frage, ob jene Gebiete früher an das Straßennetz angeschlossen wurden, in denen der Anteil der Nebenerwerbsbetriebe hoch war oder jene mit vielen Vollerwerbsbetrieben? Dazu könnten mehrere gegensätzliche Argumente vorgebracht werden:

- In einem Nebenerwerbsbetrieb ist der Betriebsführer in der Regel gezwungen, täglich die Strecke vom Arbeitsplatz zum Hof zurückzulegen. Er wird aus diesem Grund besonders an einer Straßenverbindung zum Hof interessiert sein.

- Auf Höfen mit Erwerbskombination ist es aufgrund der geringen Betriebsgrößen bei hohen Kosten zur Aufrechterhaltung des Betriebes (Maschinenkauf, Um- und Neubauten) nicht möglich, genügend finanzielle Mittel für den Straßenbau bereitzustellen.

- Vollerwerbsbetriebe weisen eine intensivere Marktverflechtung auf, sind also am Bau einer Straße stärker interessiert als Nebenerwerbsbetriebe.

Um diesen Überlegungen nachzugehen, erschien es sinnvoll, Gebiete mit einem hohen und solche mit einem relativ niederen Anteil an Nebenerwerbsbetrieben zu vergleichen. Der Einfluß der Erwerbsart auf den Verlauf der Erschließungstätigkeit darf aber keinesfalls allein, sondern muß im Zusammenhang mit den anderen Einflußfaktoren, vor allem der relativen Höhenlage und der Siedlungsstruktur, gesehen werden.

Zu berücksichtigen ist allerdings auch, daß vor 20 oder 30 Jahren die Anteile der Voll-, Zu- und Nebenerwerbsbetriebe in den einzelnen Gemeinden ganz anders waren als heute. Da die Grundtendenz – hoher Vollerwerbsanteil im Osten und geringer im Westen – gleichblieb, ist es gerechtfertigt, die drei Bezirke im Westen Nordtirols mit den drei im Osten zu vergleichen.

Tab. 22: Von 1951 bis 1993 neu erschlossene Betriebe nach Landesteilen

	1993	Neu erschlossene Betriebe (abs./in % von 1993)						
		bis 1980		bis 1970		bis 1960		bis 1955	
Imst/Landeck/Reutte	1990	1735	87 %	1240	62 %	512	26 %	128	6 %
Kufstein/Kitzbühel/Schwaz	2585	2359	91 %	1673	65 %	280	11 %	133	5 %

Quelle: Abt. III d/1 der Landesregierung Tätigkeitsberichte – unveröffentlicht, eigene Berechnungen

In den Gebieten mit einem hohen Anteil an Nebenerwerbsbetrieben ist die Erschließung der Höfe wesentlich früher erfolgt. Bis 1960 wurden in den Bezirken mit hohem Vollerwerbsanteil wie Kitzbühel, Kufstein und Schwaz (1960 über 50 % Vollerwerbsbetriebe) nur 11 % der bis heute neu erschlossenen Betriebe an das Straßennetz angeschlossen, in den Bezirken mit geringem Vollerwerbsanteil wie Landeck, Imst und Reutte (1960 unter 36 % Vollerwerbsbetriebe) waren es 26 %.

Die Befragungen auf den Bergbauernhöfen in den verschiedenen Landesteilen ergaben jedoch, daß der Einfluß der Erwerbsart allein nicht zu hoch bewertet werden soll. Dies ist auch dadurch bewiesen, daß die Nebenerwerbsbetriebe im nordöstlichen Teil von Tirol nicht früher einen Zufahrtsweg erhalten haben als die Vollerwerbsbetriebe. Dort waren allerdings die Nebenerwerbsbetriebe auf den Berghängen in der Minderheit und ergriffen meistens auch nicht die Initiative zum Bau einer neuen Straße. Im Westen dagegen war die Mehrheit der Bewohner vom fehlenden Straßenanschluß direkt betroffen, die Bauern konnten sich viel leichter, gerade in den Anfangsjahren der Erschließungstätigkeit, zum Bau einer Straße durchringen; sie waren zudem durch die geschlossene Siedlungsform begünstigt.

4.4.7 Gesamtüberblick über die Erschließungstätigkeit nach dem Zweiten Weltkrieg

Abb. 12 zeigt in Fünfjahressummen die in den einzelnen Bezirken seit 1951 neu erschlossenen landwirtschaftlichen Betriebe. Die folgende Zusammenfassung soll einen Überblick unter verschiedenen Gesichtspunkten ermöglichen.

– Im (ehemaligen) Realteilungsgebiet der zwei Westtiroler Bezirke Landeck und Imst wurden seit dem Ende des Zweiten Weltkrieges bis 1966 rund 39 % aller in Tirol neu erschlossenen Höfe registriert, obwohl sich hier 1960 nur 5776 oder 23 % aller landwirtschaftlichen Betriebe befanden. In den darauffolgenden 10 Jahren sank der Anteil der neu erschlossenen Höfe dann auf 21 %.

Abb 12: Fünfjahressumme der neu erschlossenen Betriebe (1951 bis 1990) nach Bezirken

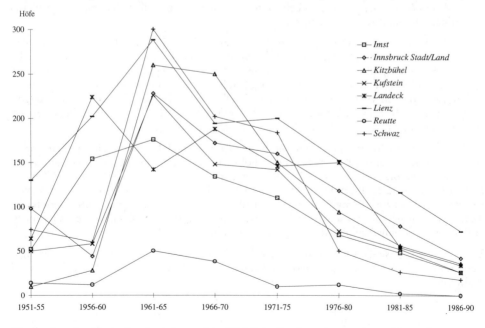

Quelle: Amt der Tiroler Landesregierung Abt. III d/1 der Landesregierung, eigener Entwurf

- Im Bezirk Reutte, wo zu Beginn der Erschließungstätigkeit überhaupt nur 6 % der rinderhaltenden Betriebe keine Zufahrt hatten, wurden insgesamt nur 132 Betriebe erschlossen, in den letzten 10 Jahren jedoch kein einziger mehr.

- Die Erschließung der Bergbauernhöfe im mittleren Tirol (Bezirke Innsbruck-Land und Schwaz) erfolgte wie in allen Bezirken schwerpunktmäßig zwischen 1961 und 1966 (eine Ausnahme bildet der Bezirk Landeck).

- In den beiden Bezirken im Nordosten Tirols mit hohem Streusiedlungs- und Vollerwerbsanteil wurden bis 1960 nur sehr wenig Höfe erschlossen. Der Anteil der beiden Bezirke Kitzbühel und Kufstein an den in Tirol neu erschlossenen Höfen lag bis zu diesem Zeitpunkt bei 11 % und stieg in den Jahren bis heute auf 27 %.

In Osttirol wurden anfänglich günstig gelegene Höfe und Hofgruppen mit vergleichsweise geringem Aufwand durch einfache Fahrwege erschlossen. Im Laufe der Jahre drang der Straßenbau in immer entlegenere und extremere Gebiete vor, wobei sich auch die Weglängen und Erschließungskosten beträchtlich erhöhten. Im Verhältnis zu den Anfangsjahren, wo es darum ging, möglichst viele Betriebe zu erschließen, verbesserte sich in den letzten Jahren gerade hier die Qualität der Weganlagen.

- In Gebieten mit bedeutendem Fremdenverkehr beschleunigte dieser den Bau von Straßen zu den Bergbauernhöfen, dies jedoch erst ab den sechziger Jahren, als der Fremdenverkehr einen starken Aufschwung nahm und die Fremdengäste den Bauernhof verstärkt als Ferienunterkunft wählten.

- Der Ablauf der Erschließungstätigkeit wurde durch die natürlichen Gegebenheiten des Landes, vor allem aber, wie bereits in einem vorhergehenden Kapitel erwähnt, durch die Lage beeinflußt. In den Anfangsjahren nach 1945 wurden ganze Siedlungen und Ortsteile im talnahen Bereich durch kurze Wegstrecken mit nur geringem finanziellen Aufwand erschlossen. Nach der Festlegung der entsiedlungsgefährdeten Höfe zu Beginn der sechziger Jahre wurde das Augenmerk verstärkt auch auf jene Betriebe gelenkt, die sich zumeist in größerer vertikaler Distanz zum Tal befanden.

- Die Siedlungsstruktur war gerade in den Anfangsjahren der Erschließungstätigkeit der bestimmende Faktor. Das Dominieren der Weilersiedlungen und der aus der kleinbetrieblichen Struktur resultierende hohe Anteil an Nebenerwerbsbetrieben mit hoher Pendlerintensität erklären die frühe Erschließungstätigkeit im westlichen Teil von Tirol. Die Streusiedlungsstruktur mit vielen von der nächsten Straße weit entfernten Einzelhöfen verzögerte besonders im Nordosten Tirols, in Osttirol und im Zillertal eine Erschließung in den ersten 15 Jahren nach 1945.

Eine große Anzahl von neu erschlossenen Höfen ist verständlicherweise in jenen Gemeinden anzutreffen, die im Jahre 1966 eine besonders hohe Zahl von unerschlossenen Höfen aufzuweisen hatten. Hervorzuheben wären Kappl: Verringerung von 152 auf 6, Sölden: von 97 auf 0, Fieberbrunn: von 102 auf 4, Wildschönau: von 134 auf 24, Hopfgarten: von 120 auf 23, Fliess: von 96 auf 9, Strengen: von 102 auf 3, Matrei i. Osttirol: von 97 auf 26. Eine genaue Information gibt *Tab. 1* im Anhang, die eine auf Gemeindebasis erstellte Aufstellung über die Veränderungen (1966 – 1995) der unerschlossenen Höfe zum Inhalt hat.

Von 1951 bis Jahresende 1993 wurden in Tirol 6883 Bauernhöfe mit öffentlichen Förderungsmitteln an das Straßennetz angeschlossen. Über die Summe der erschlossenen Höfe gibt *Tab. 23* Auskunft.

Tab. 23: Summe der von 1945 bis 1993 neu erschlossenen Höfe nach Bezirken

Bezirk	Zeitraum bis							
	1955	1960	1965	1970	1975	1980	1988	1993
Imst	54	206	383	515	624	693	764	784
Innsbruck	98	136	367	536	697	831	921	963
Kitzbühel	9	38	299	550	701	795	886	925
Kufstein	49	109	338	486	627	698	736	744
Landeck	61	284	425	614	758	911	1.002	1.075
Lienz	131	331	620	813	1.016	1.169	1.333	1.341
Reutte	13	22	75	111	119	131	131	132
Schwaz	75	133	430	637	815	866	901	916
TIROL *	490	1.259	2.937	4.256	5.357	6.076	6.674	6.883

* Zu diesen Werten müssen noch ca. 50 addiert werden. Es sind dies jene Höfe, die vor 1951 erschlossen worden sind.

Quelle: Aufzeichnungen der Abt. III /d1 der Landesregierung, unveröffentlicht

4.5 Der gegenwärtige Stand der Höfeerschließung

Trotz der großen Leistungen zur Erschließung des bergbäuerlichen Siedlungsraumes seit dem Zweiten Weltkrieg waren mit Jänner 1995 noch 659 Höfe, davon 657 Bergbauerenhöfe, nicht oder nur unzureichend an das öffentliche Straßennetz angeschlossen. Dies bedeutet, daß 3,3 % aller landwirtschaftlichen und 5 % aller rinderhaltenden Betriebe als unerschlossen einzustufen sind. Von den 279 Gemeinden in Tirol gibt es in 139 oder 50 % keine unerschlossenen Höfe mehr. 192 Höfe werden als entsiedlungsgefährdet betrachtet. (unveröffentl. Statistik der Abt. III d/1 der Landesregierung).
Zu Jahresbeginn 1988 waren in Österreich rund 17.000 Betriebe, davon 11.000 Bergbauernbetriebe, offiziell noch unzureichend erschlossen, knapp 6 % dieser Höfe befinden sich im Bundesland Tirol. Dazu muß allerdings angemerkt werden, daß viele Höfe im Osten und

Tab. 24: Die im Jahr 1995 unerschlossenen Höfe in Tirol (nach Bezirken)

Bezirk	Gemeinden gesamt	davon erschlossen abs.	in Prozent	rinderhaltende Betriebe 1993	unerschlossene Höfe Anzahl	Anteil an rinderh.B.	landw. B.	Landessumme	entsiedlungsgefährdete unerschlossene Höfe Zahl	in % der unerschl. H.
Imst	24	22	92	1.403	10	0,7%	0,5%	1,5%	3	33%
Innsbruck	66	37	56	2.318	94	4,1%	2,5%	14,2%	6	6%
Kitzbühel	20	1	5	1.587	100	6,3%	4,3%	15,2%	20	20%
Kufstein	30	7	23	1.764	131	7,4%	4,8%	19,9%	23	18%
Landeck	30	17	57	1.626	46	2,8%	2,1%	7,0%	23	50%
Lienz	33	7	21	1.781	151	8,5%	5,3%	22,9%	53	35%
Reutte	37	32	86	666	29	4,4%	2,0%	4,4%	28	97%
Schwaz	39	16	41	1.711	98	5,7%	4,1%	14,9%	36	37%
Tirol	279	139	50	12.856	659	5,1%	3,3%	100,0%	192	29%

Quellen: Land- und forstwirtschaftliche Betriebszählung 1990
Bericht über die Lage der Tiroler Land- und Forstwirtschaft 1992/93
Unterlagen der Abt III d/1 der Landesregierung, unveröffentlicht

Bild 11: Die unerschlossenen Höfe Durach in Außervillgraten. Die Höfe waren bisher nur zu Fuß auf einem steilen Pfad erreichbar, mit der Erschließung wurde aber bereits begonnen.

Nordosten des Bundesgebietes in mäßig steilem Gelände liegen und trotz ihrer offiziellen Unerschlossenheit doch relativ gut erreichbar sind. Vielfach liegt gar kein Ansuchen zum Bau eines Zufahrtsweges vor.

Im Bezirk Lienz mit 163 unerschlossenen Höfen und einem Anteil an der Landessumme von 24 %, befinden sich heute sowohl absolut als auch relativ am meisten von allen Bezirken. Der Anteil dieser Höfe an den Rinderhaltern hat in den letzten Jahren zwar bedeutend abgenommen und liegt heute in Osttirol, jenem Bezirk mit dem seit jeher höchsten Anteil, trotzdem noch bei rund 9 %.

Sehr niedrig sind die Werte im Außerfern, wo bei 30 unerschlossenen Höfen nur 2 % aller landwirtschaftlichen Betriebe oder 4 % aller Rinderhalter keine offizielle Zufahrt haben. Sie alle liegen im oberen Lechtal oder in Berwang und werden als entsiedlungsgefährdet angesehen. Bei allen diesen Höfen wird das Erschließungsbedürfnis als „nicht dringend" eingestuft (Angabe der Abt. III/d1 der Landesregierung). 23 Höfe halten kein Vieh mehr, 15 sind nicht mehr ständig bewohnt und 14 vermieten ihre Häuser als Freizeitwohnsitze vorwiegend an Deutsche. Der fehlende Straßenanschluß ist aber sicher nicht der Hauptgrund für ihre Situation, denn nur 8, die alle nicht mehr ständig bewohnt sind, können als absolut unerschlossen eingestuft werden. Die ungünstigen klimatischen und arbeitstechnischen Bedingungen im Außerfern sowie die Möglichkeit, durch einen außerlandwirtschaftlichen Hauptberuf leichter ein höheres Einkommen zu erzielen, bilden die Motivation, die Landwirtschaft aufzulassen oder, was in diesem Peripherraum ebenso zu beobachten ist, den Hof zu verlassen. Diese Situation ist jedoch als Extremfall anzusehen. In allen übrigen Landesteilen hat die Landwirtschaft bei weitem nicht diese Einbußen erlitten wie im Außerfern.

Gemeinden mit einer hohen Zahl an Bergbauernbetrieben weisen naturgemäß heute auch am meisten unerschlossene Höfe auf. In der folgenden Tabelle sind die 10 Gemeinden Tirols mit der höchsten Zahl an unerschlossenen Betrieben angeführt.

Tab. 25: Gemeinden mit einer hohen Zahl an unerschlossenenen Höfen (1989)

Gemeinde	Unerschlossene Höfe	Anteil an den rinderhaltenden Betrieben in %	absolut unerschlossene Höfe
Hart	28	26,7	8
Wildschönau	25	12,3	15
Hopfgarten i. Brixental	24	10,4	2
Matrei i. Osttirol	24	13,6	5
Kitzbühel	20	22,0	2
Innervillgraten	20	18,9	10
Kirchberg	19	13,6	2
Berwang	20	*	0
Navis	17	15,0	1
Breitenbach	16	12,9	0
St.Veit i. Defereggen	16	27,6	7

* In Berwang gibt es 20 relativ unerschlossene Höfe, nur 14 rinderhaltende (1985), aber noch 52 landwirtschaftliche Betriebe.

Quelle: Abt III d/1 der Landesregierung, unveröffentlicht 1989, Allg. Viehzählung 1985, Tiroler Landwirtschaftskataster-Computerausdruck 1988, Land- und forstwirtschaftliche Betriebszählung 1990

Die meisten unerschlossenen Höfe scheinen in den Gemeinden mit vielen Streusiedlungen auf, vor allem im östlichen Nordtirol und in Osttirol. Der höchste Anteil der heute als unerschlossen eingestuften Höfe erstreckt sich auf der Höhenzone zwischen 1000 und 1100 m (vgl. *Tab. 26*), allerdings mit starken Unterschieden in den einzelnen Landesteilen. Vor 25 Jahren dagegen waren die meisten in einem Bereich, der 100 m über dem heutigen liegt, zu finden.

Tab. 26: Die landwirtschaftlichen Betriebe in Tirol im Vergleich mit den unerschlossenen Betrieben (1988) nach der Zugehörigkeit zu einer Höhenstufe (in Prozent)

Bezirk	Absolute Höhe						
	unter 600m	600–800m	800–1000m	1000–1200m	1200–1400m	1400–1600m	über 1600m
Imst gesamt	0,0	23,8	30,7	24,2	10,7	7,5	3,1
unerschlossen	0,0	2,9	32,4	26,4	11,8	19,1	7,4
Innsbruck-Land gesamt	12,8	19,3	27,9	22,1	12,7	4,6	0,5
unerschlossen	3,2	7,1	24,4	32,7	27,6	5,1	0,0
Kitzbühel gesamt	2,1	42,6	41,9	12,6	0,8	0,0	0,0
unerschlossen	0,0	32,0	40,0	26,0	2,0	0,0	0,0
Kufstein gesamt	33,5	32,4	23,0	9,5	1,6	0,0	0,0
unerschlossen	14,5	40,7	27,6	15,9	1,4	0,0	0,0
Landeck gesamt	0,0	4,4	16,7	31,0	35,4	11,0	1,5
unerschlossen	0,0	0,0	11,2	30,8	47,6	9,8	0,7
Lienz gesamt	0,0	16,2	12,8	21,7	29,3	18,0	2,0
unerschlossen	0,0	4,3	8,7	17,9	29,9	32,1	7,1
Reutte gesamt	0,0	0,0	44,3	45,0	8,8	1,9	0,0
unerschlossen	0,0	0,0	0,0	22,6	64,5	12,9	0,0
Schwaz gesamt	31,0	19,0	26,6	14,3	6,9	1,8	0,1
unerschlossen	1,7	25,6	17,9	34,2	19,7	0,9	0,0
TIROL gesamt	6,8	24,2	27,4	21,5	13,4	5,8	0,9
unerschlossen	2,8	15,9	21,4	25,7	22,3	10,0	1,9

Quelle: Tiroler Landwirtschaftskataster 1984, eigene Berechnungen

Bild 12: Unerschlossene, aber nicht mehr ständig bewohnte Höfe in Kaisers Anfang Juni 1987

Die Aufgliederung der 1988 noch unerschlossenen Betriebe nach der relativen Höhe zeigt in den Bezirken Landeck und Schwaz im unteren Talbereich den geringsten, im Bereich über 500 m relativer Höhe den größten Anteil (z. B. Schwaz 39,3 %), in den nordöstlichen Bezirken ist der Anteil der Höfe über 500 m nur mehr 1 %. Im Landesdurchschnitt befindet sich mehr als die Hälfte der heute noch als unerschlossen eingestuften Betriebe im unteren Bereich, der nicht mehr als 200 m über den Talboden ansteigt, und nur 11 % liegen auf einer relativen Höhe über 500 m.

Tab. 27: Die relative Höhe der im Jahr 1988 unerschlossenen Höfe

Bezirk	Zahl der Höfe in einer relativen Höhe von ... m								Summe
	0–100	100–200	200–300	300–400	400–500	500–600	600–700	über 700	
Imst	15	28	16	7	1	1	0	0	68
Innsbruck	65	31	35	9	8	6	2	0	156
Kitzbühel	65	24	27	25	7	0	2	0	150
Kufstein	48	48	32	9	7	1	0	0	145
Landeck	25	34	22	21	16	18	6	1	143
Lienz	55	40	38	19	9	16	7	0	184
Reutte	6	21	0	4	0	0	0	0	31
Schwaz	23	14	21	4	9	26	11	9	117
TIROL	302	240	191	98	57	67	29	10	994
1988 in %	30	24	19	10	6	7	3	1	100
1966 in %	27	23	21	13	9	5	2	0	100

Quelle: Eigene Berechnungen

Wenngleich zu Jahresbeginn 1995 noch 659 Höfe als offiziell unerschlossen galten, darf man doch nicht übersehen, daß viele davon mit einem Auto zu erreichen sind. Aber die Straßenverhältnisse zu diesen Höfen sind zumeist schlecht, die Schäden an den Fahrzeugen, die diese Wege befahren groß, sodaß deren Neuanlage dringend erforderlich ist.

Abb. 13. Die relative Höhe der unerschlossenen Höfe in Tirol (1966 und 1988)

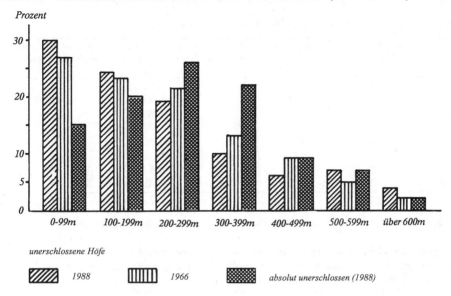

Quelle: Unterlagen der Abt. III d/1 der Landesregierung, Tiroler Landwirtschaftskataster 1988 – Computerausdruck, eigene Berechnungen

In Tirol sind heute rund 99 % der rinderhaltenden Betriebe mit einem Fahrzeug, wenn auch nicht immmer mit einem LKW, erreichbar. Im folgenden soll nun auf jene Höfe näher eingegangen werden, die nach dem neuen Tiroler Landwirtschaftskataster, der die Erschließungsverhältnisse in einer genauen Punkteverteilung widergibt, überhaupt keine Zufahrt für Motorfahrzeuge besitzen. Die Erschließungsverhältnisse werden für Sommer und Winter getrennt angegeben. Bei der letzten offiziellen Erhebung 1988 konnten in Tirol im Sommer 184 Höfe nicht mit einem Fahrzeug erreicht werden, im Winter waren es um die Hälfte mehr.

Am meisten absolut unerschlossene Höfe finden sich noch in Osttirol, dagegen sind im Westen Tirols nur mehr sehr wenig Höfe ohne jegliche Zufahrtsmöglichkeit. In den Bezirken Kitzbühel und Landeck fällt der Unterschied zwischen Winter und Sommer ins Auge, was auf die schlechte Befahrbarkeit aufgrund der Schneelage zurückzuführen sein dürfte. Viele der unerschlossenen Betriebe haben neben dem fehlenden Straßenanschluß auch noch den Nachteil der großen Entlegenheit in Kauf zu nehmen. Eine Sonderentlegenheit (im Sinne des Tiroler Landwirtschaftskatasters) liegt vor, wenn 1 bis 3 Betriebe von den anderen Wohnhäusern mehr als 15 Minuten und vom Dorfkern mehr als 45 Gehminuten entfernt sind. Die Gefahr des Absiedelns vom Hof ist gerade bei diesen Betrieben am stärksten, was dadurch bewiesen wird, daß bereits einige nicht mehr ständig bewohnt sind. Die Grundgesamtheit für die Tab. 28 bildeten jene Höfe, die auch im Sommer nicht mit einem Motorfahrzeug erreichbar sind. 27 % der 184 absolut unerschlossenen Höfe müssen als extrem abgelegen angesehen werden.

Fast ein Drittel der angeführten Höfe hat die Viehhaltung bereits aufgegeben. Bei einem Teil der viehlosen Betriebe ist die Ursache dafür der fehlende Straßenanschluß. Die Hofbesitzer ergreifen einen außerlandwirtschaftlichen Beruf, geben in der Folge ihre Viehhaltung auf und siedeln ab. Meist geschieht dies im Zuge der Übernahme durch die Hoferben, in verstärktem Maße dann, wenn der Erbe nicht direkt aus der Familie des Betriebsführers stammt. Ist ein Hof bereits seit längerer Zeit nicht mehr bewohnt, will und kann kein junger Bauer mehr die hohen Kosten der baulichen Verbesserungen übernehmen, die Unerschlossenheit bleibt bestehen, der Hof verfällt.

Tab. 28: Die absolut unerschlossenen Betriebe nach Bezirken

Bezirk	Gehzeit Dorf – Hof 3/4 h bis 1 1/4 h	Betriebe über 1 1/4 h	ohne Vieh	durchschnittl. absolute Höhe in m	absolut unerschlossen (auch im Sommer)
Imst	0	3	0	1790	3
Innsbruck	1	1	3	1248	15
Kitzbühel	5	0	13	1058	29
Kufstein	14	4	11	947	31
Landeck	1	0	1	1250	9
Lienz	7	11	10	1438	49
Reutte	0	0	7	1393	8
Schwaz	0	2	9	948	40
TIROL	28	21	55	1164	184

Quelle: Tiroler Landwirtschaftskataster 1988 – Computerausdruck, eigene Berechnungen

Die Aufgabe der Viehhaltung gerade in Tirol ist fast immer mit der Aufgabe des ständigen Wohnsitzes am Hof verbunden. Wird der Hof nicht von Auswärtigen als Zweitwohnsitz genutzt und erhalten, so ist er dem Verfall preisgegeben.

Nicht selten liegt der Grund für die Aufgabe des Hofes in den ungünstigen Arbeits- und Produktionsbedingungen. Wo früher im Grenzbereich des Zumutbaren der Boden bewirtschaf-

Bild 13: Verfallener, unerschlossener Hof am Kaunerberg

tet wurde, will heute niemand mehr sein Dasein fristen, vor allem nicht die jüngere Generation. Mit welch überdurchschnittlich hoher Betriebserschwernis die heute absolut unerschlossenen Betriebe arbeiten müssen, gibt *Abb. 14* Auskunft.

Abb. 14: Die absolut unerschlossenen Betriebe nach der Bergbauernzonierung (Erschwerniszone) 1988

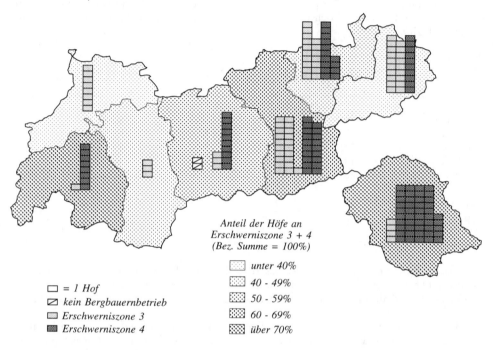

Quelle: Tiroler Landwirtschaftskataster, 1988

In den zwei Bezirken Kufstein und Kitzbühel sind von den 60 absolut unerschlossenen Betrieben 40 % ohne Vieh, in den Bezirken Landeck und Lienz sind es von 58 nur 19 %. Im Raum Sillian – Villgratental hat von den 15 absolut unerschlossenen Höfen nur ein einziger kein Vieh, im fremdenverkehrsintensiven Gebiet Kitzbühel – Brixental sind es von 29 Betrieben jedoch 13. Darin zeigt sich, in welchem Ausmaß der Fremdenverkehr seinen Einfluß geltend macht.

4.6 Die zukünftige Erschließungstätigkeit

Seit dem Zweiten Weltkrieg wurden in Tirol 2700 km Wege zur Erschließung des bergbäuerlichen Siedlungsraumes errichtet. Der Bund, das Land und die Interessenten haben daher für das Weiterbestehen der Siedlungen, für die Weiterbewirtschaftung des Bodens und somit für die Erhaltung der Kulturlandschaft einen erheblichen Beitrag geleistet. Ohne Zweifel läßt sich sagen, daß die Hauptarbeit in der Erschließungstätigkeit bereits getan ist, nun gilt es in besonderem Maße jene Höfe miteinzubeziehen, die es am dringendsten brauchen. Dies sind in Tirol 113 Betriebe, wo bei 72 Vorhaben 75,6 km Wege zu errichten sind. Ein Problem bilden jene unerschlossenen Höfe, die nicht mehr ständig bewohnt sind und bei denen es unsicher ist, ob sie überhaupt jemals wieder bewirtschaftet werden. Eine Erschließung um jeden Preis erscheint nicht sinnvoll. Es sollten daher nur jene Hofbesitzer in stärkerem Ausmaß unterstützt werden, die bereit sind, den Bergbauernhof auch weiterhin zu bewirtschaften, bei denen aber aufgrund der schweren Erschließbarkeit die Kosten für den Straßenanschluß sehr hoch sind und wegen der fehlenden Eigenmittel bisher kein Weg gebaut werden konnte. 1989 lagen von den gemeldeten unerschlossenen Höfen 276 Ansuchen zur Errichtung einer Straße vor, wobei zu deren Erfüllung 226 km Erschließungswege gebaut werden müßten.

Die meisten Höfe warten im Bezirk Lienz, wo die zu errichtende Wegstrecke am größten und der finanzielle Aufwand am höchsten ist, auf einen Straßenanschluß, die wenigsten im Bezirk Reutte (vgl. *Tab. 29*).

Tab. 29: Wegansuchen 1989

Bezirk	Vorhaben	km Weglänge	Kosten (Mio. S)	neuerschl. Höfe	Kosten/Hof (Mio. S)
Imst	8	3,9	13,6	15	0,9
Innsbruck	21	8,7	31,5	24	1,3
Kitzbühel	61	58,6	132,8	76	1,7
Kufstein	44	35,2	94,6	64	1,5
Landeck	23	23,9	57,7	43	1,3
Lienz	78	72,7	255,6	84	3,0
Reutte	4	1,7	5,5	6	0,9
Schwaz	37	21,9	73,8	58	1,3
TIROL	276	226,7	664,9	370	1,8

Quelle: Abt. III d/1 der Landesregierung, unveröffentlicht (1989)

In Zukunft wird man auch an der Verbesserung der bestehenden Wege arbeiten müssen. In Osttirol gibt es noch etliche Erschließungswege, die nicht mit einer Asphaltdecke versehen sind. Die Kosten für Erhaltungsarbeiten liegen dann bedeutend über jenen mit einem festen Straßenbelag.

Das Fehlen einer zeitgemäßen Straßenzufahrt hat sich statistisch insofern ausgewirkt, als in verschiedenen Gemeinden die Zahl der unerschlossenen Höfe nicht in dem Ausmaß gesunken ist, wie Höfe neu erschlossen wurden, denn trotz erfolgter Erschließung wurde ein Hof nach Jahren neuerdings in die Liste der unerschlossenen Höfe aufgenommen.

5. Die Auswirkungen der Verkehrserschließung des bergbäuerlichen Siedlungsraumes in Tirol – Ergebnisse der Befragung

5.1 Methode und Durchführung der Befragung

In den bisher vorliegenden Untersuchungen der Höfeerschließung bzw. des Güterwegebaues wurde nur in wenigen Fällen eine Befragung an Ort und Stelle durchgeführt. Die Arbeiten über Teilräume in Tirol, die am Geographischen Institut der Universität Innsbruck entstanden (*Franz* 1974, *Mayr* 1973, *Payr* 1973), befaßten sich mit der Lage der unerschlossenen Höfe, mit der Erschließungstätigkeit von 1966 bis 1970 und mit den Zusammenhängen zwischen Unerschlossenheit und Höfeauflassungen. In Vorarlberg führten *Frommelt* (1976) und *Alge* (1985) solche Erhebungen durch. *Schwarzelmüller* (1978, 1979) weist in seiner Habilitationsschrift und in mehreren Veröffentlichungen auf die außerlandwirtschaftlichen Auswirkungen und die sozialen Funktionen der ländlichen Verkehrserschließung hin. In seine Arbeiten miteinbezogen wurden Einzelstudien von Diplomanden der Universität für Bodenkultur in Wien, die in speziell ausgewählten Gemeinden in Salzburg und im Mühlviertel Erhebungen vornahmen (*Nechansky* 1977, *Bohrn/Malina* 1979, *Schrom* u. a. 1982). Bei diesen Arbeiten wurden zwar auch Befragungen angestellt, wobei aber die Anzahl der Befragten nur für die untersuchte Gemeinde eine repräsentative Aussage zuläßt.

Da die Höfeerschließung in der Erhaltung der Bergbauernhöfe und deren Weiterbewirtschaftung ihr erstes Ziel sieht, lag es nahe, im Folgenden der Frage nachzugehen, inwieweit man diesem Ziel nähergekommen ist. Es sollte erhoben werden, welche Auswirkungen aus der Sicht der Betroffenen festzustellen sind und ob sich die Bedingungen, die geeignet sind, den Siedlungsraum zu erhalten, verbessert haben. Durch den Besuch vieler in den letzten 40 Jahren neu erschlossener bzw. heute noch unerschlossener Bergbauernhöfe und die Erhebung verschiedener Daten mit Hilfe eines Fragebogens sollte dies ermöglicht werden.

Die Befragung betraf dabei nicht nur neu erschlossene und noch unerschlossene landwirtschaftliche Betriebe, sondern auch nichtlandwirtschaftliche Gebäude, und zwar vorwiegend neuerbaute Einfamilienhäuser. Wegen der Größe des Untersuchungsraumes kam nur eine Teilerhebung in Frage.

Grundlegendes Mittel zur Informationsbeschaffung war das mündliche Interview, das unter Zuhilfenahme eines standardisierten Fragebogens durchgeführt wurde. Da sich für neu erschlossene sowie unerschlossene Höfe und nichtlandwirtschaftliche Gebäude in einigen Bereichen etwas unterschiedliche Fragestellungen ergaben, war es notwendig, drei verschiedene Fragebögen zu verwenden. Es wurde bei deren Erstellung jedoch darauf geachtet, daß möglichst viele Fragen dieselbe Thematik und eine ähnliche Formulierung aufweisen.

Mit Hilfe der ausgefüllten Fragebögen, den Auszügen aus dem Tiroler Landwirtschaftskataster und Karten war es nach kleineren Umstellungen und Korrekturen möglich, für jeden landwirtschaftlichen Betrieb 118 Variable in den Computer einzugeben und mit Hilfe des SPSS-X-Programmes auszuwerten.

Zur Erreichung einer möglichst hohen Aussagekraft wurden vom Verfasser von März 1987 bis Juni 1988 insgesamt 550 Befragungen durchgeführt.

543 Fragebögen, konnten in die Auswertung miteinbezogen werden, davon
    391 aus Höfen, die seit 1950 neu erschlossen wurden,
      50 aus unerschlossenen Höfen und
    102 aus nichtlandwirtschaftlichen Gebäuden,

Tab. 30: Befragungsgemeinden

Bezirk	Gemeinde	gesamt	ausgefüllte Fragebögen landwirtschaftl. Gebäude erschlossen	unerschlossen	nichtlandwirtsch. Gebäude
Landeck	Kappl	40	29	3	8
	See	4	3	0	1
	Strengen	10	7	0	3
	Kaunerberg	18	7	8	3
Imst	St. Leonhard i.Pitztal	16	11	2	3
	Sölden	15	9	0	6
Reutte	Berwang	17	13	3	1
	Kaisers	5	4	0	1
Innsbruck-Land	Sellrain	13	10	2	1
	Neustift i.Stubaital	47	31	0	16
	Navis	40	19	9	12
	Volders	37	22	5	10
Schwaz	Weerberg	22	18	1	3
	Fügenberg	17	9	6	2
	Stummmerberg	23	19	2	2
	Finkenberg	10	9	0	1
	Ried	10	8	0	2
Kitzbühel	Kössen	20	15	1	4
	Aurach	15	11	0	4
	Hopfgarten	10	9	0	1
	Westendorf	22	19	0	3
Kufstein	Alpbach	18	14	0	4
	Wildschönau	43	33	3	7
Lienz	Prägraten	5	4	1	0
	St. Jakob i. Defereggen	13	11	1	1
	St. Veit i. Defereggen	3	3	0	0
	Ainet	6	5	1	0
	Schlaiten	4	4	0	0
	Untertilliach	6	6	0	0
	Außervillgraten	34	29	2	3
TIROL		543	391	50	102

Quelle: Eigene Erhebungen 1988

Somit war es möglich, mit 441 landwirtschaftlichen Betrieben etwa 5 % der ehemals (im Jahr 1950) unerschlossenen Betriebe zu erfassen.
Zusätzlich wurde von mehr als 50 Höfen auf postalischem Weg bei den Gemeinden Informationen eingeholt. Fast die Hälfte der Fragen konnte aber nicht vollständig beantwortet werden, da die Höfe nicht mehr ständig bewohnt sind oder bereits erschlossen waren.

Nachdem die vorliegende Arbeit die Höfeerschließung im gesamten Bundesland Tirol zum Inhalt hat, war es nötig, mehr als nur eine oder zwei Gemeinden für die Befragung heranzuziehen. Die Untersuchungsergebnisse sollten eine Aussage für das ganze Land ermöglichen und zudem Unterschiede in den einzelnen Landesteilen und zwischen den verschiedenen Gemeindetypen sichtbar machen. Aus diesem Grund wurden 30 der insgesamt 221 Gemeinden, die im Jahr 1966 unerschlossene Höfe auswiesen, nach bestimmten Kriterien ausgewählt:

- ungefähr gleichmäßige Verteilung auf alle Bezirke nach dem Anteil an unerschlossenen Höfen;
- Unterschiede in der sozioökonomischen Struktur der Gemeinde;
- bedeutende Zahl an Bergbauernhöfen, die im Jahr 1966 noch unerschlossen waren;
- Lage in dem für Tirol typischen bergbäuerlichen Siedlungsraum;
- unterschiedliche Siedlungsstruktur;
- verschieden starke Ausprägung des Fremdenverkehrs.

In jeder der 30 Gemeinden wurden ein oder mehrere Erschließungswege ausgesucht und dort die Erhebungen durchgeführt. Die Auswahl der Erschließungswege erfolgte größtenteils nach Informationen der zuständigen Bauleiter und auf Basis der Unterlagen der Abt. III d/1 beim Amt der Tiroler Landesregierung; in anderen Fällen waren eigene Beobachtungen ausschlaggebend *(siehe Tab. 30).*

5.2 Die Erreichbarkeit der in die Befragung einbezogenen Höfe

5.2.1 Die Lage der Betriebe

62 % der untersuchten ehemals bzw. heute noch unerschlossenen Höfe liegen in der Zone mit der größten Betriebserschwernis (Zone 4) und 34 % in der Erschwerniszone 3. In den Untersuchungsgemeinden des Bezirkes Landeck (Kappl, Kaunerberg, See, Strengen) liegen sogar 88 % in der Erschwerniszone 4, auch im Bezirk Imst wird mit 79 % ein sehr hoher Wert erreicht. Im Bezirk Kitzbühel dagegen liegen nur 7 % der untersuchten Höfe in der Zone mit der größten Erschwernis, hier sind aber 72 % in der Zone 3 zu finden. (vgl. *Abb. 15*)

Bevor auf die Auswirkungen der Höfeerschließung eingegangen wird, soll die Lage der „befragten Betriebe" bezüglich ihrer absoluten Höhe mit den in den Jahren 1966 und 1988 als unerschlossen gemeldeten Betrieben verglichen werden.

Tab. 31: Die absolute Höhenlage der untersuchten Betriebe im Vergleich (in Prozent)

Bezugsbasis der Höfe	unter 600m	600 – 800m	800 – 1000m	1000 – 1200m	1200 – 1400m	1400 – 1600m	über 1600m
1966 unerschlossen	1,4	10,7	22,5	27,4	23,9	11,7	2,3
1988 unerschlossen	2,8	15,9	21,4	25,7	22,3	10,0	1,9
untersuchte Höfe	0,0	3,2	10,4	33,8	25,9	24,3	2,3
1988 absolut unerschlossen	0,5	10,9	16,3	24,5	21,2	22,3	4,3
TIROL gesamt	6,8	24,2	27,4	21,5	13,4	5,8	0,9

Quelle: Tiroler Landwirtschaftskataster 1984, 1988, eigene Berechnungen

Wie aus Tab. 31 hervorgeht, befinden sich die für die Erhebung herangezogenen Höfe in einer größeren absoluten Höhe als alle im Jahr 1966 gemeldeten unerschlossenen Höfe sowie die Gesamtzahl der 20.912 landwirtschaftlichen Betriebe im Jahr 1980 in Tirol. Die folgenden Aussagen sind somit repräsentativ für jenes Stockwerk, in dem der Bauer unter besonders erschwerten Bedingungen lebt und wirtschaftet.

5.2.2 Erschließungszeitpunkt und Erreichbarkeit vor der Erschließung und heute

Nach dem Wiederbeginn der Höfeerschließung um 1950 wurden in Tirol bis 1970 fast zwei Drittel aller unerschlossenen Höfe mit einem Straßenanschluß versehen, bei den ausgewählten

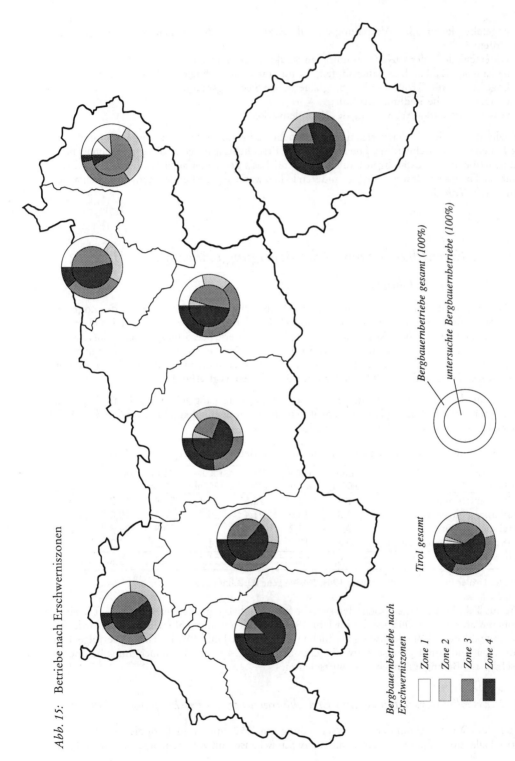

Abb. 15: Betriebe nach Erschwerniszonen

Quelle: Tiroler Kataster 1988

nur die Hälfte. Dabei lag der zeitliche Schwerpunkt der Neuerschließungen wie bei allen in Tirol neu erschlossenen Höfen im Zeitraum zwischen 1960 und 1970.

Die bereits mehrfach geäußerte Ansicht, daß bis zur Mitte der sechziger Jahre hauptsächlich Höfe erschlossen wurden, die sich in weniger peripheren Lagen befinden, wird hier bestätigt. Bei der Auswertung kommt der unterschiedliche Verlauf der Erschließungstätigkeit zwischen dem Westen und dem übrigen Teil Nordtirols nicht so stark zum Ausdruck. Im Westen Tirols erhielt insgesamt ein Viertel der ehemals unerschlossenen Betriebe bis 1960 einen Straßenanschluß, bei den „befragten" Betrieben nur 7 %, was wieder als Hinweis dafür angesehen werden kann, daß die Lage des Hofes für seinen Erschließungszeitpunkt einen ausschlaggebenden Einflußfaktor darstellt. In den Bezirken Kufstein und Kitzbühel wurden nur 5 % der besuchten 101 Höfe in der Zeit vor 1960 erschlossen.

Der Einfluß des Fremdenverkehrs auf den „befragten Höfen" ist, was die beschleunigte Erschließungstätigkeit betrifft, nicht in der Weise feststellbar wie bei der Gesamtheit der ehemals unerschlossen Höfe. Es hat sich gezeigt, daß der Fremdenverkehr in den sehr abgelegen Gebieten den Straßenneubau nicht in des Weise zu beschleunigen vermag, wie es bei den anderen ehemals unerschlossenen Höfen feststellbar war. Oft meiden die Fremdengäste solche Unterkünfte, die nur durch einen langen und gefährlichen Zufahrtsweg erreicht werden können. Die Bauern in den Extremlagen halten zudem meist länger an der traditionellen Wirtschafts- und Lebensweise fest und beginnen, wenn überhaupt, erst viel später mit der Vermietung.

Die Erreichbarkeit der ehemals unerschlossenen Höfe war vor ihrer Erschließung bedeutend schlechter, als dies bei den heute als unerschlossen eingestuften Betrieben der Fall ist. Von jenen Bergbauernhöfen, die bis heute neu erschlossen worden sind, waren vor ihrer Erschließung 62 % nur zu Fuß erreichbar (vgl. *Tab. 32*), 19 % konnten nur mit einem PKW, ebenso viele nur mit einem Traktor erreicht werden.

Abb. 16: Die Erreichbarkeitsverhältnisse der Bergbauernhöfe heute (Sommer/Winter)

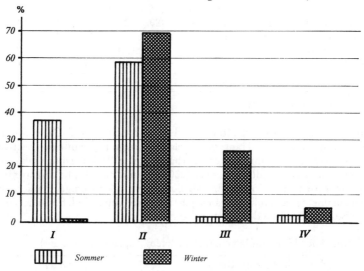

Erreichbarkeit: 1 mit LKW ohne Behinderung erreichbar
2 mit LKW mit Behinderung erreichbar
3 nur mit Traktor, Transporter oder Personenseilbahn erreichbar
4 keine Zufahrt für Motorfahrzeuge

Quelle: Eigene Erhebungen, Stufenbildung auf Basis des Tiroler Landwirtschaftskatasters

Von den Höfen, die bereits vor 1960 erschlossen wurden, waren vor ihrem Straßenanschluß drei Viertel überhaupt nur zu Fuß erreichbar, von jenen, die zwischen 1960 und 1970 einen Straßenanschluß erhielten, waren es noch 70 %, und von denen, die nach 1970 erschlossen wurden, konnte bereits die Hälfte ihren Hof vor dem offiziellen Wegebau mit einem Motorfahrzeug anfahren. Von den „befragten Höfen", die heute noch als unerschlossen eingestuft werden müssen, können 36 % nur zu Fuß erreicht werden. Gravierende Unterschiede, die sich aus den verschiedenen Betriebsgrößen, dem Erbrecht oder dem unterschiedlichen Anteil an Voll- und Nebenerwerbsbetrieben ergeben könnten, wurden in diesem Zusammenhang nicht festgestellt.

Natürlich sind die Straßenverhältnisse zu den Bergbauernhöfen trotz des erfolgten Anschlusses an das öffentliche Straßennetz nicht so wie bei den Talbauern. So können sich zuweilen bei der Zulieferung Probleme ergeben, wie folgendes Beispiel zeigen soll: Am Riedberg im Zillertal wurde ein LKW mit Anhänger beobachtet, der ca. 25 Tonnen gepreßte Heuballen zu einem Bergbauernhof bringen wollte. Dem Fahrer war es nur mit viel Geschick und mehrmaligem Reversieren möglich, die Kehren zu passieren, um zum Hof zu gelangen. Im Winter verschlechtern sich die Zufahrtsverhältnisse wetterbedingt in einem bedeutenden Ausmaß, obwohl die Schneeräumung, die durch die Gemeinden erfolgt, in allen besuchten Gemeinden sehr gut organisiert ist. Dennoch kann es nach starken Neuschneefällen vorkommen, daß eine Straße am Morgen, wenn die Pendler zu ihren Arbeitsstellen fahren müssen, nicht geräumt ist.

Wie aus Tab. 32 hervorgeht, verschlechtert sich die Erreichbarkeit mit der zunehmenden Entfernung vom Tal. Besonders in der schneereichen Zeit ist die Straße nicht immer befahrbar.

Tab. 32: Erreichbarkeit im Winter und relative Höhe

Erreichbarkeits-verhältnis	landwirtschaftliche Betriebe in einer relativen Höhe von								
	0 – 200 m		200 – 400 m		400 – 600m		über 600m		Gesamt
	abs.	in %	abs.	in %	abs.	in %	abs.	in %	(100%)
Mit LKW ohne Behinderung	2	100	0	0	0	0	0	0	2
Mit LKW mit Behinderung	123	40	89	29	78	26	14	5	304
Mit Traktor ohne Behinderung	18	21	42	49	24	28	2	2	86
Nur mit dem Transporter	7	24	8	28	7	24	7	24	29
Nur zu Fuß erreichbar	2	10	13	65	4	20	1	5	20
Gesamt	152	35	152	35	113	25	24	5	441

Quelle: Eigene Berechnungen 1988

In Talnähe gibt es nur sehr wenig Höfe, die schlecht erreichbar sind. Die Hälfte aller Anwesen, zu denen man nur mit einem Transporter gelangen kann, liegt auf einer relativen Höhe über 400 m. Jene Betriebe, die im Winter überhaupt keine Zufahrtsmöglichkeit besitzen, sind mehrheitlich im mittleren Siedlungsbereich (200 – 400 m relative Höhe) anzutreffen. Die Zufahrt zu vielen Höfen ist trotz erfolgter Erschließung mehr oder weniger stark lawinengefährdet, sodaß sie nicht uneingeschränkt das ganze Jahr über erreichbar sind. Besonders trifft dies für die westlichen Bezirke Tirols und für Osttirol zu.

Tab. 33: Anteil der Höfe mit lawinengefährdetem Zugang (in Prozent)

Westtirol (Bezirk Landeck, Imst, Reutte)	57
Mittleres Tirol (Bezirk Innsbruck-Land, Schwaz)	22
Nordöstliches Tirol (Bezirk Kufstein, Kitzbühel)	10
Osttirol (Bezirk Lienz)	51
Landesdurchschnitt	31

Quelle: Eigene Erhebungen 1988

In diesen Werten sind auch jene Betriebe enthalten, bei denen die Zufahrt durch kleinere „Hangrutscher" (Abgleiten des Schnees an steilen Wiesenhängen) beeinträchtigt ist, sowie solche, deren Zufahrtsstraße nur bei extremen Verhältnissen nicht benützt werden kann. Zur Beseitigung der Lawinengefährdung ist ein hoher Kostenaufwand erforderlich, wobei den Betroffenen nicht zugemutet werden kann, diese Mittel aufzubringen. Beim Bau von Hoferschließungswegen wurden dann vom Amt für Wildbach- und Lawinenverbauung mancherorts Verbauungen errichtet, um eine wintersichere Zufahrt zu gewährleisten.

5.2.3 Die Entfernung zu infrastrukturellen Einrichtungen

„Die Versorgungsqualität von Regionen mit hochrangigen Diensten und vielfältigen Arbeitsplätzen wird nicht nur von der Ausstattung der Regionen mit entsprechenden Einrichtungen bestimmt, sondern in bedeutendem Ausmaß auch davon, unter welchen Aufwandbedingungen solche Einrichtungen von der Bevölkerung erreicht werden" (ÖROK 1987, 149).
Die Länge des Fußweges zu den Haltestellen von öffentlichen Verkehrsmitteln ist ein entscheidendes Kriterium für deren Inanspruchnahme. Für den überwiegenden Teil der befragten Haushalte sind die Zugangswege zu den öffentlichen Verkehrsmitteln so lang, daß sie nach den Richtlinien der Österreichischen Raumordnungskonferenz (ÖROK), welche die Grenze der Zumutbarkeit bei 18 Minuten festlegt, als unzumutbar betrachtet werden können.

Die durchschnittliche Entfernung der untersuchten Höfe zu den öffentlichen Verkehrsmitteln beträgt rund 3,1 km, der durchschnittliche Zeitaufwand liegt bei 35 Minuten. Ein deutlich über dem Landesdurchschnitt liegender Zeitaufwand ist in den Bezirken Kitzbühel und Schwaz sowie in den Berggemeinden des Inntals festzustellen. Im Zillertal haben die Bewohner der untersuchten Höfe durchschnittlich einen um fast 1 km längeren Weg zum öffentlichen Verkehrsmittel zurückzulegen als im übrigen Land. Dies wird in erster Linie durch den großen Höhenunterschied zwischen dem Talboden und dem Hof bewirkt. Bei einem Vergleich der erschlossenen Betriebe mit den unerschlossenen sind landesweit keine auffälligen Differenzen feststellbar.
Geschlossene und verdichtete oder an Achsen angeordnete Siedlungsformen kommen der linienhaften Verkehrserschließung entgegen. Streusiedlungen oder Weiler hingegen können im Bergsiedlungsraum mit öffentlichen Verkehrsmitteln aus wirtschaftlichen und verkehrstechnischen Gründen nicht ausreichend bedient werden. In Tirol ist es 94 % der Bevölkerung möglich, eine Bus-(Bahn-)haltestelle innerhalb einer zumutbaren Zeit von 18 Minuten (~1500 m) zu erreichen (ÖROK 1987, 158). Im Bergsiedlungsraum, wo einerseits die Bedienung mit öffentlichen Verkehrsmittel große Mängel aufweist, andererseits lange Wege zu den Haltestellen in Kauf genommen werden müssen, braucht die Bevölkerung ein gut ausgebautes Wegenetz.
Am Erreichbarkeitsgrad werden auch die Lagenachteile der peripheren Bezirke besonders deutlich. In den Ballungsräumen erreichen 89 % der Bevölkerung innerhalb von 30 Minuten einen Zentralen Ort mittlerer Stufe, im ländlichen Raum nur mehr 55,7 %. In den extrem peripheren Gemeinden Österreichs können überhaupt nur mehr 2,6 % der Bevölkerung ein Zentrum mittlerer Stufe innerhalb von 30 Minuten erreichen (vgl. *Abb. 3*).[14]
Ist am Hof ein Auto vorhanden, werden die Einkäufe in der Regel mit diesem getätigt, da ein Fußmarsch bei großen Entfernungen zu beschwerlich wäre. In der Zeit vor der Hoferschließung wurden die Einkäufe vielfach am Sonntag nach dem Kirchgang beim Greißler im Ort erledigt, die gekauften Waren dann mit dem Rucksack zum Hof getragen. Für die jungen Bäuerinnen und Bauern ist dies heute unvorstellbar, die Benutzung des Autos für Einkäufe ist zur Selbstverständlichkeit geworden. Etwas mehr als 20 % der erschlossenen Höfe gaben an, mehr als eine halbe Stunde einfache Wegzeit für Einkäufe in Anspruch nehmen zu müssen. Bei den unerschlossenen Höfen lag der Prozentsatz immerhin bei 38 %. Bei zwei Dritteln aller erschlossenen Höfe liegt der Zeitaufwand zum Erreichen des Lebensmittelgeschäftes unter 20 Minuten, bei den unerschlossenen Höfen ist dies nur bei einem Drittel möglich. Der Vorteil der guten Erreichbarkeit

eines Hofes kommt besonders älteren Bewohnern ohne Fahrzeug in jenen Gemeinden zugute, wo die benötigten Waren vom Lebensmittelhändler, Bäcker oder Fleischhauer mit dem Auto direkt zum Hof geliefert werden können.

Im Bergsiedlungsraum sind viele Berufstätige auf die Benutzung des individuellen Verkehrsmittels angewiesen. Die Anschaffung eines eigenen Autos ist in starkem Maß an den Ausbau des Verkehrsweges zum Hof gebunden. Es überrascht nicht, wenn 67 % der Befragten angaben, das Auto erst nach dem Bau der Straße gekauft zu haben. Wie stark der Einfluß der neugebauten Straße oder die allgemein starke Zunahme der Motorisierung dabei war, läßt sich schwer sagen. Nach der Erhebung auf den 23 absolut unerschlossenen Höfen verwenden hier nur 57 % ein Auto. Von den Befragten aus erschlossenen Höfen gaben 84 % an, daß mindestens ein Auto am Hof verwendet wird. Von diesen wiederum besitzen 32 % zwei oder mehr Autos. Der Einfluß des Straßenausbaues auf den Anschaffungszeitpunkt des ersten Autos am Hof trat bei den Erhebungen deutlich zutage. Dies stimmt mit einer Untersuchung, die in zwei Vorarlberger Gemeinden durchgeführt wurde (*Alge*, 1985), gut überein. Dabei gaben 67 % der Befragten an, sie hätten die Anschaffungen zur Motorisierung ohne Güterweg nicht getätigt. In den wirtschaftlich schwachen und in den ausgesprochenen Agrargemeinden erfolgte der Kauf des ersten Autos viel später als in allen anderen Gemeinden.

5.2.4 Materialseilbahnen

Heute verwenden in Tirol noch fast 10 % aller „befragten" Bergbauernhöfe zumindest zeitweise Materialseilbahnen für den inner- oder außerbetrieblichen Transport. Die regionalen Unterschiede sind auffällig, scheint doch in den Bezirken Imst, Landeck, Reutte und Kitzbühel überhaupt kein Betrieb mehr auf, der heute noch eine Materialseilbahn benützt. 57 % der Bergbauernbetriebe gaben an, nie eine Materialseilbahn in Gebrauch gehabt zu haben, in den Bezirken Kitzbühel, Landeck und Schwaz waren es sogar 98, 70 und 68 %. In den Bezirken Imst und Lienz dagegen war der Anteil der Höfe, die früher eine Materialseilbahn verwendet haben, hoch.

So wie früher ist Osttirol auch heute noch jener Bezirk, in dem sich die meisten Materialseilbahnen befinden; der Anteil an der Landessumme beträgt rund 50 %[15]. Über 40 % der besuchten Höfe in Osttirol gaben an, heute noch eine Materialseilbahn zu besitzen bzw. an einer solchen beteiligt zu sein. Aus Kostengründen haben sich manchmal einzelne Bauern zusammengeschlossen und gemeinsam eine Materialseilbahn gebaut, drei Viertel davon stehen noch in Verwendung. Auch im Alpbachtal, in der Wildschönau und im Zillertal sind heute noch einige Materialseilbahnen in Betrieb, die von der Fahrstraße zum Hof führen. In den übrigen Landesteilen ist die dauernde Verwendung dieser Erschließungsart seit dem Wegbau doch stark zurückgegangen und nur mehr selten anzutreffen. Auf 30 % der besuchten Höfe, die früher eine Materialseilbahn in Verwendung hatten, wurde diese in den Jahren nach der Erschließung wieder abgetragen. In den beiden westlichen Bezirken ist der Anteil jener Höfe, wo Materialseilbahnen mittlerweile nicht mehr bestehen, besonders groß.

Verständlicherweise ist die Anzahl der derzeit noch verwendeten Materialseilbahnen auf den heute noch unerschlossenen Höfen etwas höher. Für die absolut unerschlossenen Höfe sind sie nach wie vor eine große Hilfe, können aber eine Zufahrtsstraße niemals ersetzen.

5.2.5 Der Benutzerkreis der Straßen

Bereits vor dem Bau der Wege zur Hoferschließung war es klar, daß diese nicht nur von den offiziell als „Interessenten" bezeichneten Anrainern benutzt, sondern einem großen Kreis von Personen zur Verfügung stehen werden. „Insgesamt handelt es sich auf den Güterwegen um einen gemischten Verkehr: schnellfahrende Personen- und Lastkraftwagen wie auch einspurige

Fahrzeuge im Zusammenhang mit einem periodisch erfolgenden Arbeitspendel-, Schulbus-, Erholungs- und Zulieferverkehr sowie mit den LKW-Transporten als Folge einer Rationalisierung in der Landwirtschaft" (*Schwarzelmüller* 1979, 179). Daneben wickelt sich der mehr oder weniger intensive landwirtschaftliche Verkehr mit Transportern, Traktoren und Arbeitsmaschinen ab.

Die Benutzerfrequenz ist auch von der Jahreszeit, dem Wetter und vom touristisch nutzbaren „Hinterland" abhängig. Diese Einflußfaktoren sind zu berücksichtigen, wenn die Verkehrszählung, die im Auftrag der Landesregierung durchgeführt wurde, beurteilt werden soll. Bereits im Sommer 1970 wurde an acht ausgewählten Hoferschließungswegen eine Verkehrszählung vorgenommen, wobei 3188 Fahrzeuge erhoben wurden. Die Erhebung kann zwar nach der Auswahl der Wegstrecken nicht als repräsentativ angesehen werden, dennoch ist es möglich, die Größenordnung zu beleuchten, mit welcher der Fremdenverkehr daran beteiligt ist.

Demnach waren   75,3 % der erhobenen Fahrzeuge PKWs,
                 15,1 % einspurige Kraftfahrzeuge,
                  5,2 % Traktoren,
                  4,4 % LKW und Busse.

Nach der Herkunft stammten
                 54,3 % der Straßenbenutzer aus dem eigenen Bezirk,
                  2,2 % aus dem restlichen Tirol,
                  3,2 % aus dem restlichen Österreich,
                 40,3 % aus dem Ausland.

Abb. 17: Das Ausmaß der Straßenbenützung durch Ortsfremde in Prozent

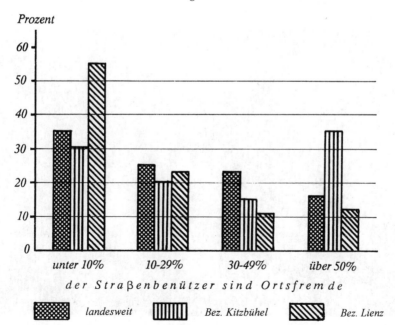

Quelle: Eigene Erhebung und Bearbeitung

Bei dieser Zählung wurden die Straßenbenützer dahingehend befragt, welchem Benutzerkreis sie zuzuschreiben sind. 31 % gaben an, selbst der Weginteressentschaft anzugehören, die für den Weg auch mitgezahlt hat, 44 % standen in wirtschaftlichem oder gesellschaftlichem Kontakt mit einem Weginteressenten, während ein Viertel reine Ausflugsfahrten unternahm. Als Extrembeispiel muß die Zillertaler Höhenstraße gelten, wo 90 % der Fahrzeuge, welche die Straße benutzten, aus dem Ausland kamen.

In anderen österreichischen Bundesländern wurden zu Beginn der siebziger Jahre ähnliche Untersuchungen durchgeführt, die aber wegen des uneinheitlichen Erhebungsmodus nicht direkt vergleichbar sind. Die in Oberösterreich festgestellte Verteilung nach der Fahrzeugkategorie stimmt mit jener von Tirol sehr gut überein. Vom Benutzerkreis gaben allerdings nur 20 % an, am Hoferschließungsweg zu wohnen. Bei einer Erhebung in Kärnten wurden mit 32 % eher die Tiroler Werte erreicht (vgl. *Schwarzelmüller* 1979, 184).

Da eine repräsentative Verkehrszählung an den Straßen ins ehemals unerschlossene Bergbauerngebiet zu aufwendig gewesen wäre, mußte im Rahmen dieser Arbeit darauf verzichtet werden. Im Zuge der Befragung in 493 Haushalten (391 aus erschlossenen Höfen und 102 aus nichtlandwirtschaftlichen Neubauten) wurde dieser Themenbereich miteinbezogen. Hierbei wurde erhoben, in welchem Ausmaß – nach Einschätzung der Befragten – Ortsfremde den Erschließungsweg benutzen.

In den Gemeinden mit intensivem Fremdenverkehr gaben 40 % der Befragten an, daß mehr als die Hälfte der Fahrzeuge, die die Straße benützen, nicht aus dem Ort stammen, in dem sich der Hoferschließungsweg befindet. In Gemeinden mit mäßigem Fremdenverkehr liegt der Prozentsatz nur bei 22 %. In den Gemeinden mit intensivem Sommerfremdenverkehr liegt der Anteil bei 32 %, in jenen mit intensivem Winterfremdenverkehr bei 27 %. Besonders in den Sommermonaten, wo gute Straßenverhältnisse vorherrschen, sind die Straßen zu den Bergbauernhöfen ein beliebtes Ziel des Ausflugstourismus.

Bild 14: Hoferschließungswege dienen als Basis für die Erschließung der Almen und des Waldes (Bachleralm, Hartberg i. Zillertal)

In ausgeprägten Agrargemeinden ist der Benutzerkreis verständlicherweise viel stärker auf die eigene Gemeinde beschränkt. Nur 17,6 % gaben hier an, daß mehr als die Hälfte der Benutzer Ortsfremde sind. Ähnlich liegen die Werte in den industriell-gewerblich ausgerichteten Gemeinden.

Der Bau von Güterwegen und Hofzufahrten hat nicht nur zur Erschließung des Dauersiedlungsraumes beigetragen. Vielerorts beginnen am Ende eines Hoferschließungsweges die Alm- und Forstwege. Dabei wird ein wichtiger Beitrag zur leichteren Bewirtschaftung der Almen geleistet und somit ihr Bestand gesichert. Ebenso wird die auf manchen Almen praktizierte tägliche Lieferung der Frischmilch ins Tal damit ermöglicht. Auch der Abtransport des Holzes ist heute ohne Einsatz eines LKW undenkbar. Es überrascht daher nicht, wenn 46 % der Inhaber landwirtschaftlicher Betriebe angeben, häufig die in Fortführung an die Hoferschließungswege gebauten Forst- oder Almerschließungswege zu benützen. Eine überdurchschnittlich hohe Benutzungshäufigkeit ist in den Seitentalgemeinden des Bezirkes Landeck, im Bezirk Innsbruck-Land, im Zillertal, im Alpbachtal und in der Wildschönau anzutreffen.

5.3 Auswirkungen auf die Erwerbstätigkeit und die agrarökonomische Struktur

5.3.1 Die außerlandwirtschaftliche Berufstätigkeit

Wie bereits mehrfach angeführt, hat sich die Erwerbsart auf den landwirtschaftlichen Betrieben in Tirol sehr stark verändert. 35 % der zum Zeitpunkt der Befragung erschlossenen Betriebe waren Vollerwerbsbetriebe. Die Hälfte der heute im Neben- und Zuerwerb geführten Anwesen begann erst nach der Erschließung des Hofes, sich auf die andere Erwerbsart umzustellen. In den Bezirken Imst und Landeck übten allerdings bereits 93 bzw. 73 % vor der Hoferschließung einen Zweitberuf aus. In den drei westlichen Bezirken Tirols gibt es unter 16 unerschlossenen Höfen heute nur einen Vollerwerbsbetrieb.
In Tirol bedingen die unterschiedlichen Erschließungsverhältnisse heute keinen besonderen Unterschied in der Erwerbstätigkeit der Bergbauern. Wird es als notwendig erachtet, einem außerlandwirtschaftlichen Hauptberuf nachzugehen, um die Existenz zu sichern, so wird dieser Beruf ergriffen. Ob ein Hof erschlossen ist oder nicht, muß dabei als nebensächlich angesehen werden. Zu berücksichtigen ist aber das Alter des Betriebsführers. Mit zunehmendem Alter wird die Bereitschaft zur Umstellung der Erwerbsart geringer. Mitentscheidend ist auch die Zahl der Personen, die der Betriebsführer zu versorgen hat. Alleinstehende Personen tendieren eher dazu als Familienhalter den Betrieb im Vollerwerb zu führen. Die Gefahr der Auflassung eines Hofes, der nur als Nebenerwerbsbetrieb geführt werden kann, ist bedeutend größer, wenn er unerschlossen ist.
Auf die hypothetische Frage, ob man ohne einen Straßenanschluß auch einem außerlandwirtschaftlichen Hauptberuf nachgehen würde, antworteten 76 % der Befragten mit Ja, 12 % mit Nein und ebenso viele waren sich nicht sicher. Es hängt wohl mit der traditionellen Bewirtschaftungsweise und der Besitzstruktur zusammen, wenn in Westtirol mehr Ja-Antworten (85 %) zu verzeichnen waren als im nordöstlichen Teil des Landes (71 %) oder in Osttirol (63 %). In den Gemeinden mit bedeutendem Fremdenverkehr war der Prozentsatz der Ja-Stimmen sehr groß, in den Gemeinden mit einem erheblichen Anteil der Landwirtschaft dagegen kleiner.

Die meisten Nebenerwerbsbauern, nämlich 22 % – in den Oberländer Bezirken noch mehr – sind im Baugewerbe beschäftigt, 18 % im Verkehrs- und Nachrichtenwesen und 16 % in privaten, öffentlichen und sozialen Diensten.[16] Von den Bewohnern nichtlandwirtschaftlicher Gebäude sind 24 % in Gewerbe und Industrie tätig, 20 % in privaten, öffentlichen und sozialen Diensten und nur 15 % im Bauwesen. Symptomatisch ist, daß bei den unerschlossenen Höfen ein höherer Prozentsatz im Baugewerbe beschäftigt ist als bei den erschlossenen. Dies kann als

Beispiel dafür gelten, daß Menschen aus unzureichend erschlossenen peripheren Regionen wegen des bedeutend größeren zeitlichen Mehraufwandes stärker zu jenen Berufen tendieren, bei denen das tägliche Pendeln nicht mehr praktiziert werden kann. Der überdurchschnittlich hohe Anteil der Beschäftigten im Verkehrs- und Nachrichtenwesen resultiert aus der hohen Zahl von Liftangestellten unter den Nebenerwerbsbauern. Auffallend hoch ist die Zahl der Liftangestellten und Schilehrer im Raum Kitzbühel – Brixental, in der Wildschönau, im hinteren Ötztal, im Stubaital und im Defereggental, also in jenen Gebieten mit stark entwickeltem Fremdenverkehr. Diese Berufe bieten eine ideale Möglichkeit, in der arbeitsarmen Zeit des Winters zu einem Zusatzeinkommen zu gelangen. Rund 19 % aller Zu- und Nebenerwerbsbetriebe müssen als Rentnerbetriebe eingestuft werden, in den Bezirken Reutte und Lienz wird dieser Anteil beträchtlich überschritten. Tirolweit ist der Anteil der Rentnerbetriebe in den untersuchten Höfen geringer als bei der Gesamtheit der landwirtschaftlichen Betriebe Tirols.

Positiv ist, daß 55 % aller befragten Nebenerwerbsbauern innerhalb ihres Wohnortes einen Arbeitsplatz finden konnten, nur 8 % haben ihn außerhalb des eigenen Bezirkes. Alle Betriebsführer der befragten 25 Nebenerwerbsbetriebe im Bezirk Kufstein – Wildschönau und Alpbach – haben ihren Arbeitsplatz in ihrer Heimat- oder in der Nachbargemeinde.

Sehr deutlich treten hier wiederum die bereits mehrfach angesprochenen Gegensätze zwischen dem wirtschaftlich schwächeren Westen und dem Nordostteil des Landes hervor. So können im Bezirk Landeck, wo die Saisonarbeit und das Wochenpendlerwesen immer schon viel stärker praktiziert wurden, nur 39 % im eigenen Wohnort einen Arbeitsplatz finden. In diesem Bezirk gibt ein Viertel der Befragten an, Nichttagespendler zu sein, während im gesamten Untersuchungsgebiet dies nur 10 % tun.

Nennenswerte Unterschiede zwischen den Berufstätigen aus erschlossenen und aus unerschlossenen Betrieben treten nicht auf, wohl aber zu jenen aus nichtlandwirtschaftlichen Wohngebäu-

Abb. 18: Der Arbeitsort der Bewohner aus dem neu erschlossenen Berggebiet

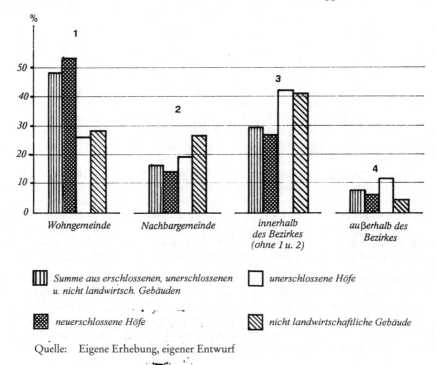

Quelle: Eigene Erhebung, eigener Entwurf

den, wo etwa 10 % weniger ihren Arbeitsplatz im Wohnort haben. Wenn Betriebsführer aus Nebenerwerbsbetrieben verstärkt versuchen, einen Arbeitsplatz in der Nähe des Wohnortes zu finden, dürften zwei Ursachen dafür ausschlaggebend sein. Zum einen ist es durch kürzere Wegstrecken nunmehr möglich, mehr Zeit in die Landwirtschaft am Hof zu investieren. Daß dabei die Auswahlmöglichkeit an qualitativ guten Arbeitsplätzen kleiner ist, leuchtet ein. Zum anderen wird durch das bessere Ausbildungsniveau der meist jüngeren Haushaltsvorstände in den neuerrichteten Wohnhäusern der Anspruch auf einen der Ausbildung adäquaten Arbeitsplatz erhöht.

Die Erhaltung der Bevölkerungszahl im bergbäuerlichen Siedlungsgebiet hängt nicht unwesentlich von der Lage des Arbeitsortes jener Menschen ab, die hier leben. Der Bau von Straßen zu den Höfen soll auch dazu dienen, die Arbeitsorte aller „am Berg" lebenden Berufstätigen schneller erreichbar zu machen.

Zwei Drittel der berufstätigen Bewohner aus erschlossenen Höfen fanden in der eigenen Gemeinde oder im Nachbarort einen Arbeitsplatz, aus den unerschlossenen Höfen nur die Hälfte. Ein hoher Prozentsatz der am Hof aufgewachsenen und noch unverheirateten Menschen wohnt nicht zuletzt ständig dort, weil durch die gute Erreichbarkeit des elterlichen Hofes die tägliche Fahrt zum Arbeitsplatz leicht bewältigt werden kann. Von den erschlossenen Höfen aus können 34 % der Bewohner ihren Arbeitsplatz innerhalb von 10 Minuten erreichen, 55 % innerhalb von 20 Minuten, nur 13 % sind länger als 50 Minuten zu ihrer Arbeitsstelle unterwegs.

Tab. 34: Entfernung zur Arbeitsstelle

Betriebsführer aus:	Zeitaufwand in Minuten						Betriebe Gesamt
	0–10	10–20	20–30	30–40	40–50	über 50	
Erschlossenen Höfen	34 %	20 %	14 %	12 %	6 %	13 %	201
Unerschlossenen Höfen	16 %	16 %	13 %	16 %	32 %	7 %	31
Nichtlandwirtschaftl. Gebäuden	23 %	26 %	17 %	15 %	8 %	11 %	95
Gesamt	29 %	22 %	15 %	13 %	9 %	12 %	327

Quelle: Eigene Erhebungen 1988

Was den Wechsel des Arbeitsortes anlangt, gaben 84 % der Befragten aus erschlossenen Höfen an, den Arbeitsort nach der Erschließung nicht gewechselt zu haben. Bei 9 % liegt der Arbeitsplatz heute weiter weg als vor der Erschließung, 7 % gaben einen nun näher liegenden Arbeitsplatz an.

Im ländlichen Raum, wo die Versorgung mit öffentlichen Verkehrsmitteln nie den Standard des städtischen Raumes erreichen kann, ist das eigene Auto das wichtigste Transportmittel (vgl. auch Abb. 3). Die Erhebungen ergaben, daß 64 % der Personen aus erschlossenen Höfen das eigene Auto für die Fahrt zum Arbeitsplatz verwenden. Von den außerlandwirtschaftlich tätigen Betriebsführern aus den heute noch unerschlossenen Höfen sind es weniger (52 %). Was die Benützung öffentlicher Verkehrsmittel anlangt, gaben nur 3 % an, regelmäßig solche zu benutzen.

Von nicht unwesentlicher Bedeutung für die Fahrt zur Arbeitsstelle ist die Benützung von Firmenfahrzeugen. Ein Mitarbeiter der Firma, meistens jener mit dem längsten Anfahrtsweg, holt mit dem firmeneigenen Auto seine Arbeitskollegen in der Nähe ihres Wohnhauses ab. Aus diesem Grund ist besonders im westlichen und mittleren Teil Tirols immer wieder zu beobachten, daß mehrere Berufstätige aus demselben Wohngebiet bei der gleichen Firma arbeiten. Als Beispiel sei hier Langesthai in der Gemeinde Kappl i. Paznauntal angeführt. Mehrere Bewohner sind bei derselben Vorarlberger Metallbaufirma beschäftigt, fahren am Montag gemeinsam zur Arbeitsstelle und kommen am Freitag nachmittag wieder nach Hause zurück.

Ohne das gut ausgebaute Straßennetz wäre es den vielen Nebenerwerbsbauern aus dem Berggebiet niemals möglich, den Zeitaufwand für den Weg zur Arbeitsstelle so gering zu halten. Wenngleich der unmittelbare Anteil, den die Höfeerschließung an der Aufnahme des Nebenerwerbs hatte, nicht meßbar ist, so besteht doch der Eindruck, daß viele Bergbauern in ihren Überlegungen, auf einen Nebenerwerb umzusteigen, durch die Hoferschließung bestärkt wurden.

5.3.2 Die Maschinenausstattung am Hof

Höfe ohne Zufahrtswege sind in der Benützung landwirtschaftlicher Maschinen, im besonderen von Traktor und Transportern, stark eingeschränkt, jene in den Extremlagen davon überhaupt ausgeschlossen. Erst eine vollständige Hoferschließung schafft die Chancengleichheit bezüglich der Mechanisierung der Bergbetriebe untereinander, vorausgesetzt, die Geländeneigung läßt den Maschineneinsatz überhaupt zu. Auf den untersuchten erschlossenen Bergbauernhöfen ist nur ein Drittel aller zweischnittigen Wiesen mit dem Traktor oder dem Schlepper bearbeitbar, bei den unerschlossenen Höfen gar nur ein Viertel. Wird die Gesamtheit der landwirtschaftlichen Betriebe in Tirol herangezogen, können auf fast 70 % aller Äcker und zweischnittigen Wiesen diese Maschinen eingesetzt werden.

Abb. 19: Die Maschinenausstattung der Bergbauernhöfe

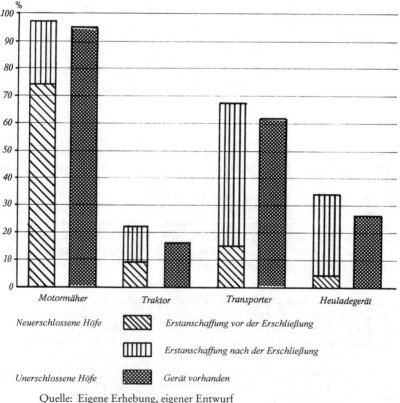

Quelle: Eigene Erhebung, eigener Entwurf

Der einachsige Motormäher, der das erste und am häufigsten verwendete mobile Arbeitsgerät darstellt, ist am wenigsten an einen vorhandenen Zufahrtsweg gebunden. Es ist aus diesem Grund auch verständlich, daß drei Viertel aller Höfe bereits vor ihrer Erschließung einen Motormäher besessen haben, in den mit größeren Nutzflächen ausgestatteten Betrieben im Nordosten Tirols waren es 90 %. Heute ist dieses Gerät auf 97 % der Bergbauernhöfe in Verwendung, wobei kein Unterschied zwischen erschlossenen und unerschlossenen Höfen zu erkennen ist. Nur 21 % der 441 befragten landwirtschaftlichen Betriebe besitzen einen Traktor. Die Höfe im Bezirk Kitzbühel erreichen aufgrund der weniger steilen Hänge und der damit verbundenen besseren Einsetzbarkeit einen Wert von 61 %. Traktoren und geländegängige Universalfahrzeuge (Transporter) kommen auf erschlossenen Höfen mehr zum Einsatz als auf den unerschlossenen. In zwei von drei Fällen wurden diese landwirtschaftlichen Fahrzeuge erst nach der Hoferschließung angeschafft.

Zu berücksichtigen ist, daß der Transporter und das heute im Nordosten des Landes häufig verwendete Heuladegerät erst in jüngerer Zeit auf den Markt gebracht wurden.

Die Frage, ob die Erschließung des Hofes ein Grund für die bessere Ausstattung mit Maschinen gewesen sei, wurde von 52 % der Befragten bejaht. In Gemeinden mit einer stark agrarischen Struktur (Kaunerberg, Berggemeinden im Zillertal und in Osttirol) sehen 61 % die Hoferschließung als Anstoß für den Kauf von landwirtschaftlichen Maschinen und Fahrzeugen. Eigenartigerweise sind in diesen Gemeinden deutlich mehr Betriebe zu finden, die heute wie früher schlecht, das heißt nur mit einem Motormäher, ausgestattet sind. Eine Ausnahme bildet das Zillertal. Hier befindet sich der Großteil der Höfe in einer finanziell relativ günstigeren Position, wodurch sich die Bauern leichter zum Kauf einer landwirtschaftlichen Maschine entschließen können als in etlichen anderen Berggebieten. Im Westen des Landes sind es der Kleinbesitz und die Geländeverhältnisse, welche die schlechte Ausstattung bewirken, in Osttirol kommt noch die schwache finanzielle Basis vieler Bergbetriebe dazu.

Für rund die Hälfte der erschlossenen Bergbauernhöfe haben die Erschließung und der dadurch ermöglichte stärkere Einsatz von Maschinen Vorteile für die Bewirtschaftung des Hofes gebracht. Neben dem Einsatz auf den Nutzflächen, sei es als Mäher, Heulader oder Miststreuer, wurde der Transport des Heues aus höher gelegenen Stadeln oder Almhütten sehr erleichtert. Das Tragen des Heus auf dem Kopf und der mitunter gefahrvolle Abtransport, der im Winter mit Schlitten erfolgte, wird heute nur mehr selten praktiziert.

Am meisten profitierten die Bergbauern von der Erschließung in jenem Gebiet, das wegen der großen räumlichen Distanz oder wegen des steilen Geländes überhaupt keinen Zufahrtsweg besaß. Trotzdem überrascht es, daß auf den unerschlossenen Höfen nur 38 % der Meinung sind, die neue Zufahrt würde für die Bewirtschaftung Vorteile bringen. Dieser im Vergleich zu den bereits erschlossenen Höfen relativ geringe Prozentsatz wird einmal dadurch bewirkt, daß auf vielen als unerschlossen eingestuften Betrieben landwirtschaftliche Fahrzeuge ebenso gut eingesetzt werden können. Außerdem ist es trotz erfolgter Erschließung auf vielen Höfen (besonders in Westtirol) wegen der ungünstigen Geländeverhältnisse nicht möglich, mehr Maschinen als bisher einzusetzen.

Von besonderer Wichtigkeit ist die innere Verkehrserschließung. Die zu bewirtschaftenden Flächen sollten zumindest mit einem Transporter erreichbar sein, damit vor allem der Transport von Heu und Dünger leichter möglich ist. Im Anerbengebiet ist diese Arbeit nach der erfolgten Erschließung auf den arrondierten Grundstücken besser durchzuführen als im Realteilungsgebiet.

5.3.3 Innerbetriebliche und ökonomische Veränderungen

Obwohl in den letzten 30 Jahren rund ein Drittel der Bauern die Rinderhaltung aufgegeben hat, ist dies im Landschaftsbild nicht besonders sichtbar. Nur vereinzelt werden Wiesen nicht mehr gemäht oder beweidet, sodaß sie „verwildern". Dabei handelt es sich in der Regel um solche

Bild 15: Aufgabe von landwirtschaftlich genutzten Flächen in Mitteregg, Gemeinde Berwang. Der starke Rückgang der rinderhaltenden Betriebe wirkt sich besonders im Außerfern negativ auf die Weiterbewirtschaftung aus.

Flächen, die sehr steil sind und deren Bewirtschaftung unrentabel ist. Bergwiesen, auf denen der Ertrag seit jeher gering war, werden im ganzen Land nur mehr an wenigen Stellen gemäht.

Die überwiegende Mehrheit (69 %) der untersuchten Betriebe hat die bewirtschaftete Fläche seit dem Straßenbau zum Hof beibehalten. Rund ein Fünftel sowohl der neu erschlossenen als auch der heute noch unerschlossenen Höfe hat in den letzten drei Jahrzehnten seine bewirtschaftete Fläche vergrößert; in der Regel ging das auf Kosten jener Betriebe, welche die Rinderhaltung aufgegeben haben. Auf 11 % der erschlossenen und 16 % der unerschlossenen Betriebe kam es zu einer Verkleinerung der bewirtschafteten Fläche. Es paßt gut in das Bild der Landwirtschaftsentwicklung im Bezirk Reutte, wenn hier von 20 untersuchten Höfen 11 angaben, die Bewirtschaftung eingeschränkt zu haben.

Bei der Differenzierung nach der Erwerbsart ist bemerkenswert, daß derselbe Prozentsatz sowohl bei den Vollerwerbsbetrieben als auch bei den Zu- und Nebenerwerbsbetrieben ihre bewirtschafteten Flächen beibehalten hat. In 25 % der Vollerwerbsbetriebe wurden die selbstbewirtschafteten Flächen aufgestockt, bei den Zu- und Nebenerwerbsbetrieben aber nur in 16 % (vgl. Abb. 20). Bei den unerschlossenen Höfen sind die Unterschiede noch deutlicher. Die Mehrheit dieser Betriebe ist bemüht, durch eine Flächenaufstockung ihre betriebliche Existenz zu sichern. Wenn immerhin 15 % der unerschlossenen, aber nur 5 % der erschlossenen Vollerwerbsbetriebe ihre selbstbewirtschafteten Flächen verkleinert haben, könnte das als Zeichen angesehen werden, daß das Interesse, einen unerschlossenen Hof voll zu bewirtschaften, kleiner ist, als dies bei einem erschlossenen Hof der Fall ist. In den typischen Fremdenverkehrsgemeinden lag der Anteil der Betriebe, die ihre bewirtschaftete Fläche verkleinert haben, deutlich über dem Durchschnitt, in den Mischgemeinden (Landwirtschaft/Industrie und Gewerbe/Dienstleistungen) deutlich darunter.

Abb. 20: Veränderungen bei der selbstbewirtschafteten Fläche

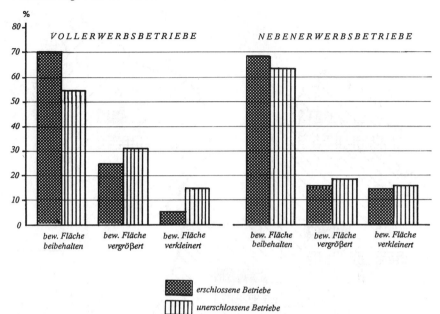

Quelle: Eigene Erhebung, eigener Entwurf

Ein Großteil der heute noch unerschlossenen Betriebe befindet sich in einem was die Bewirtschaftungserschwernis anlangt ungünstigen Raum; dies führt dazu, daß vor allem sehr steile oder vom Hof weit entfernte Flächen nicht mehr so intensiv bewirtschaftet werden wie früher.

In Tirol werden 97 % der Flächenerträge über die Viehwirtschaft mit Rinderzucht und Milcherzeugung verwertet. Der Milchverkauf ist für viele Bauern, besonders für jene im östlichen Teil Nordtirols, die bedeutendste und sicherste Einnahmequelle, wobei dem Hoferschließungsweg beim Milchtransport eine wichtige Funktion zukommt.

12 % der erschlossenen und ein ebenso hoher Anteil der unerschlossenen Höfe haben in den letzten Jahren, meist jedoch noch vor der Kontingentierung, ihre Milchanlieferung erhöht. Von den neu erschlossenen Höfen, die jetzt mehr Milch abliefern, gaben 94 % an, dies erst nach dem Wegbau zu tun, wobei der hohe Wert nur zum Teil auf die verbesserten Erreichbarkeitsverhältnisse zurückgeführt werden kann.

Die Zahl der Rinder pro Betrieb ist seit dem Ende des Zweiten Weltkrieges in Tirol deutlich angestiegen. Hinsichtlich der einzelnen Landesteile und den Erschließungsverhältnissen ergeben sich jedoch bedeutende Unterschiede. 24 % der neu erschlossenen und 20 % der unerschlossenen Höfe erhöhten in den letzten Jahren ihren Viehbestand. Die gute Erschlossenheit eines Hofes fördert in Gebieten, wo der Maschineneinsatz in hohem Maß möglich ist und/oder in Gebieten mit hohem Anteil an Vollerwerbsbetrieben die Vergrößerung des Rinderbestandes. Der Transport von Futtermitteln (Heu und Kraftfutter) zum Hof wird erleichtert, der Tierarzt kommt bequemer und schneller zum Hof, die Anreisezeit zu den Viehmärkten und auf die Alm wird verkürzt.

Im Zillertal und in Gemeinden des Tiroler Unterlandes fällt auf, daß einige Bauern von erschlossenen Höfen in den letzten Jahren ihren Viehstand stark erhöht haben, obwohl die bewirtschaftete Fläche nicht vergrößert wurde. Ermöglicht wurde dies durch den Zukauf von

Abb. 21: Durchschnittlicher Bestand an Rindergroßvieheinheiten in den einzelnen Bezirken

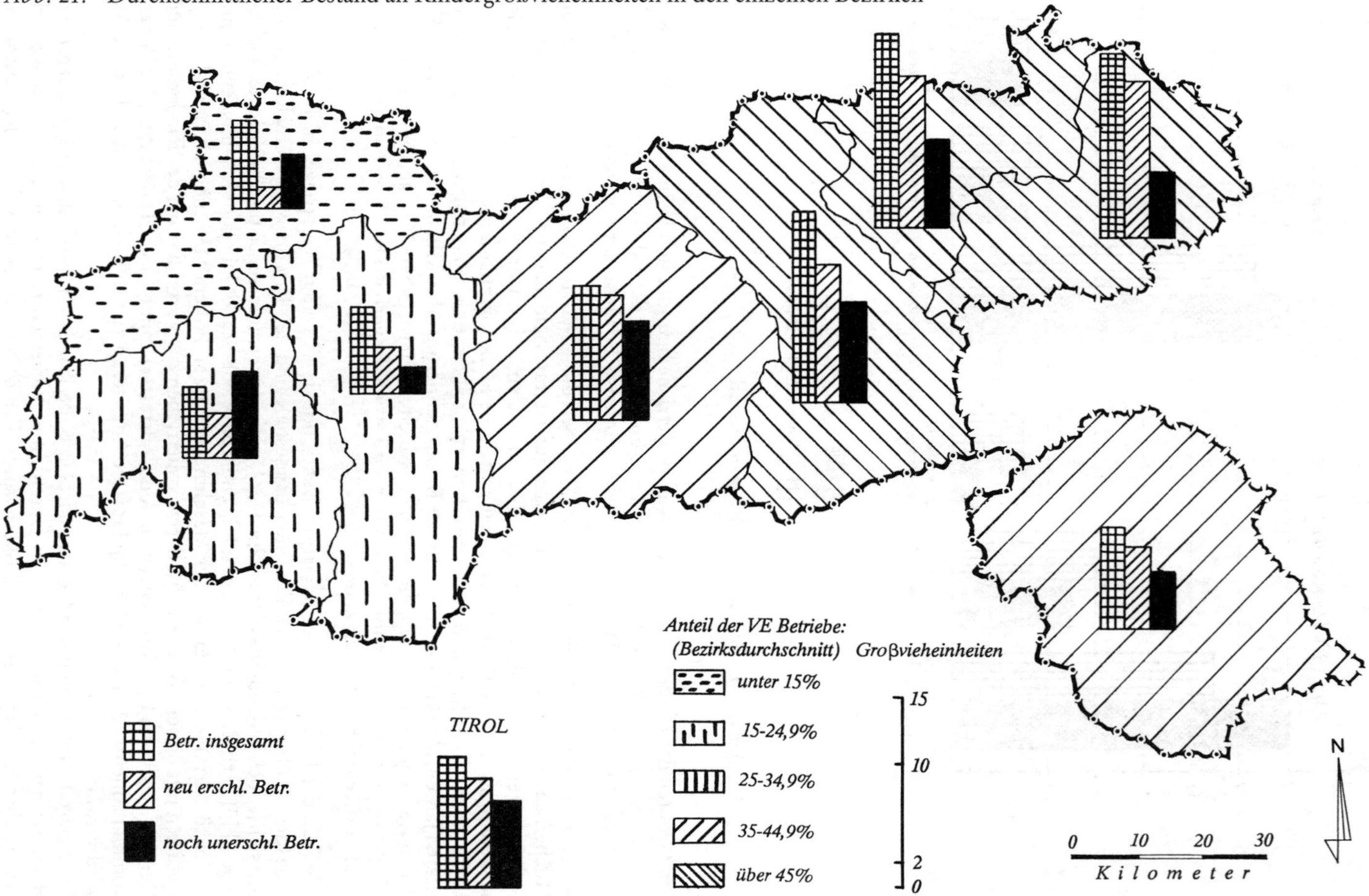

Quelle: Bericht über die Tiroler Land- und Forstwirtschaft, eigene Erhebungen, eigener Entwurf

Futtermitteln. Manchmal wurde von Nachbarhöfen ein Teil des Milchkontingents übernommen, um mehr Milch liefern zu können und somit ein höheres Einkommen zu erzielen.

Es bedarf keines besonderen Beweises, daß im Lohnvergleich und in der Arbeitsbelastung die Landwirtschaft schlechter abschneidet als die Industrie und dies auf die Bergbauern in besonderem Maße zutrifft. Knapp ein Drittel der Befragten aus erschlossenen Höfen ist der Meinung, daß sich bei ihnen in den letzten Jahren das Familieneinkommen verbessert hat, ein ebenso hoher Prozentsatz meint das Gegenteil. Daraus könnte der Schluß gezogen werden, daß der Bau einer Zufahrtsstraße für einige Bauern wohl eine Einkommensverbesserung bringt, die Vorteile des Straßenanschlusses aber nicht von allen in gleicher Weise wirtschaftlich ausgenutzt werden können. Im Zusammenhang damit steht die Aussage, daß nahezu ein Viertel der Hofbesitzer angibt, die neugebaute Straße habe sich positiv auf die Einkommensentwicklung ausgewirkt. Bei der Thematik des Einkommens und der Einkommensentwicklung muß allerdings berücksichtigt werden, daß einige Befragte dazu tendieren, ihre Lage etwas schlechter darzustellen, als sie tatsächlich ist. Bei einer länger zurückliegenden Erschließung ist die Beurteilung der Auswirkung, was den finanziellen Bereich anlangt, ohnehin schwieriger. Am meisten hat sich das Familieneinkommen auf den erschlossenen Höfen in den Fremdenverkehrsgemeinden erhöht, während in den agrarisch betonten Gemeinden bedeutend weniger Personen den Straßenbau als Grund für die Verbesserung des Familieneinkommens sehen.
Um die Einkommensunterschiede zwischen Bergbauern und Flachlandbauern zu vermindern, wurde in den frühen siebziger Jahren verstärkt mit Förderungsmaßnahmen begonnen, die entweder durch Direktbeihilfen (Bergbauernzuschuß, Bewirtschaftungsprämie für Rinderhalter, Alpzuschuß) oder durch Zinsenzuschüsse erfolgen.

5.3.4 Weiterbewirtschaftung oder Auflassung der Höfe?

Die jungen Menschen aus den Berghöfen, welche in Zukunft die Bewirtschaftung sichern sollen, sind zu verstehen, wenn sie sich nicht mehr mit den Lebens- und Arbeitsbedingungen vergangener Jahre und Jahrzehnte zufriedengeben wollen. Für die Weiterbewirtschaftung der Höfe ist daher ein vollwertiger Straßenanschluß unumgänglich. Auf den Bergbauernhöfen ist der Anteil der jungen Betriebsführer relativ hoch. Der Zeitpunkt, zu dem der Altbauer den Hof an eines seiner Kinder übergibt, hängt von der wirtschaftlichen Situation, der Erwerbsart und zuletzt auch, allerdings mit abnehmender Bedeutung, von den traditionellen Gepflogenheiten ab. 24 % der Betriebsführer sind 30 bis 40 und 31 % 50 bis 60 Jahr alt. Dabei ist in den Bezirken Imst und Kufstein der Anteil der Jungbauern überdurchschnittlich hoch, im Gegensatz dazu ist in den Betrieben der Bezirke Lienz und Reutte der Anteil der über 60jährigen sehr groß. Auf den untersuchten 50 unerschlossenen Höfen sind keine gravierenden Abweichungen feststellbar. Dort werden ungefähr die Werte der erschlossenen Höfe erreicht.

Die Eindrücke, die bei den erschlossenen Höfen gewonnen wurden, lassen den Schluß zu, daß ihre Weiterbewirtschaftung eher gesichert ist als bei unerschlossenen. Eine Bestätigung erfährt diese Annahme dadurch, daß 31 % aus den erschlossenen Höfen angeben, sie würden den Hof verlassen, wenn keine Straßenverbindung bestünde. Im fremdenverkehrsintensiven Bezirk Kitzbühel vertreten sogar mehr als die Hälfte der Befragten diese Ansicht.
Rund zwei Drittel würden den Hof auch ohne Straßenanschluß weiterbewirtschaften, allerdings gingen dann nicht wie derzeit 65 % einem außerlandwirtschaftlichen Beruf nach, sondern nur 39 %. Trotz erschwerter Arbeitsbedingungen und niedrigerem Einkommen wollen 87 % der Bauern auf bereits erschlossenen und 84 % auf unerschlossenen Betrieben ihre Landwirtschaft wie bisher weiterführen. 4,5 % haben geplant, sich mehr der Landwirtschaft zu widmen und ihren Betrieb zu intensivieren, 6 % wollen extensivieren. Nur 8 von 441 werden die Landwirtschaft am Hof aufgeben oder sind aufgrund der fehlenden Nachfolger dazu gezwungen. Vollerwerbsbetriebe tendieren mehr zur Beibehaltung ihrer Bewirtschaftungsweise, während

bei den Nebenerwerbsbauern eine geringfügig stärkere Tendenz zur Einschränkung oder zum Auflassen der Landwirtschaft gegeben ist. Sowohl bei den erschlossenen als auch bei den noch unerschlossenen Höfen ist bei etwas mehr als 80 % die Weiterführung der Bewirtschaftung gesichert. Große Unsicherheit in der Einschätzung ihrer Zukunftsaussichten bzw. der Einkommensentwicklung besteht bei den Bergbauern nach dem Beitritt Österreichs zur Europäischen Union, zumal auch der Preis, den die Bauern für einen Liter Milch nunmehr bekommen, gesenkt wurde.

In Gemeinden mit intensivem Fremdenverkehr besteht besonders dann, wenn der Hof sehr klein ist, die Gefahr, daß ein Bauer seine Rinderhaltung aufgibt. In solchen Gemeinden scheinen erschlossene Höfe (vor allem Nebenerwerbsbetriebe) gegenüber den unerschlossenen mehr gefährdet zu sein.

Es hat sich gezeigt, daß sich die Hofbesitzer aus den typischen Agrargemeinden am ehesten für die Weiterführung des Betriebes und die Beibehaltung der derzeitigen Art der Bewirtschaftung aussprechen. Ohne Zweifel spielen dort die Mentalität und der Hang zum Traditionellen eine Rolle. Eine Tendenz zu einer in Zukunft verstärkten Auflassung kann derzeit aber weder bei den erschlossenen noch bei den unerschlossenen Betrieben festgestellt werden; die momentanen Abnahmeraten müssen nicht zu Besorgnis Anlaß geben. Inwieweit sich dies nach dem erfolgten Beitritt Österreichs zur Europäischen Union ändern wird, ist derzeit noch nicht abzusehen.

Abb. 22 Die Zukunft der landwirtschaftlichen Betriebe

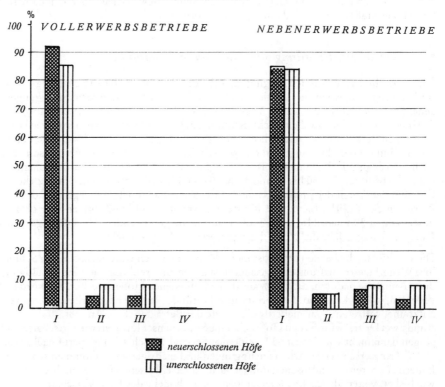

5.4 Der Einfluß auf die Siedlungstätigkeit und die Bevölkerungsentwicklung

5.4.1 Bauliche Maßnahmen am Hof

Erst das Vorhandensein einer auch mit einem LKW gut zu befahrenden Straße bis zum Hof schafft die Möglichkeit, die Wohn- und Betriebsverhältnisse durch Baumaßnahmen entsprechend zu verbessern. Viele Bergbauernhöfe wiesen vor ihrer Erschließung eine Bausubstanz auf, die nicht geeignet war, den Bewohnern auch nur annähernd zeitgemäße Wohn- und Lebensverhältnisse zu bieten.

Nach der Erhebung im Jahr 1960 (Land- und Forstwirtschaftliche Betriebszählung 1960, Landesheft Tirol) waren in ganz Tirol mehr als zwei Drittel der Wohn- und Wirtschaftsgebäude vor 1918 errichtet worden. Es ist daher verständlich, daß über die Hälfte aller landwirtschaftlichen Betriebe baufällig oder reparaturbedürftig war. Die Statistik des Jahres 1990 besagt, daß weniger als die Hälfte aller bewohnten Höfe aus der Zeit vor dem Ersten Weltkrieg stammt. 5671 Wohngebäude, das sind 28 %, sind zwischen 1960 und 1990 neu errichtet worden, davon allein 4513 in den Jahren von 1961 bis 1980, in einer Zeit also, wo der Straßenbau im Berggebiet seinen Höhepunkt erfahren hat. Damit wird wohl eindrucksvoll bestätigt, daß der Bergsiedlungsraum in den letzten drei Jahrzehnten für die bäuerliche Bevölkerung keineswegs an Attraktivität verloren hat.

Die völlig unzureichenden Transportmöglichkeiten auf steilen, schmalen, steinschlag- und murengefährdeten Karrenwegen unterbanden vor dem Wegbau die Bauvorhaben auf den Höfen. Sogar kleinere Umbauten gestalteten sich schwierig und waren nur mit mühevollen und zeitraubenden Umladearbeiten, sei es auf Einachstraktoren, Materialseilbahnen oder Tragtiere, verbunden. Erst nach erfolgtem Wegbau wurde, oft mit Hilfe des Einkommens aus dem Nebenerwerb, mit Um- oder Neubauarbeiten an Wohn- oder Wirtschaftsgebäuden begonnen. Rund ein Fünftel der erschlossenen Betriebe hat angegeben, sein Wohngebäude nach der Errichtung der Straße neugebaut zu haben, 10 % haben dies bereits vor der Fertigstellung der Straßenverbindung getan.

In Osttirol hat die Bautätigkeit bei weitem nicht dieses Ausmaß erreicht, denn hier wohnen noch 90 % der Bergbauern in ihrem alten Hof. Im mittleren Inntal und in den einmündenden Seitentälern (Wipptal, Sellraintal, Stubaital) hat andererseits fast jeder zweite Bergbauer seinen Hof neu aufgebaut. Höfe, die als relativ unerschlossen eingestuft werden, liegen, was die Wohnqualität betrifft, nicht hinter den erschlossenen zurück.

Deutlich schlechtergestellt sind jedoch die absolut unerschlossenen Höfe. Auf 26 der untersuchten absolut unerschlossenen 29 Höfe, von denen allerdings nur mehr 17 ständig bewohnt sind, ist das Wohngebäude mehr oder weniger noch in dem Zustand, wie es ursprünglich erbaut wurde. *Abb. 23* macht die Unterschiede bei der Bautätigkeit in den einzelnen Bezirken deutlich. Es ist bezeichnend, daß in den wirtschaftlich schwachen Gebieten in Osttirol und im Oberinntal sowie in den Seitentälern des oberen Lechtales an Stelle der alten Höfe viel weniger neue Gebäude errichtet wurden als in den dienstleistungsorientierten (Fremdenverkehrs-)Gemeinden.

In einem schlechten Bauzustand befinden sich verständlicherweise auch Höfe, die zwar erschlossen sind, von den Besitzern aber nicht mehr ständig bewohnt werden. Besonders bei den Erhebungen im Außerfern sind einige solcher Höfe aufgefallen. Von wesentlicher Bedeutung für die Neuerrichtung eines Bauernhauses ist dessen Größe und die Hofform. Im Anerbengebiet, wo der großgebaute Einhof mit vielen Wohnräumen, großer Küche und Stube vorherrschend ist, genügt der Einbau eines Bades und WCs, um gute Wohnbedingungen zu schaffen, ein Abbruch des gesamten Hofes ist nur in den seltensten Fällen notwendig. In den kleinen, oft stärker verschachtelten Häusern im Westen Tirols erweist sich ein Neubau oft als zweckmäßiger.

Bild 16: Weiler Übersachsen, Gemeinde Tösens im Oberinntal. Bauzustand der Gebäude vor der Erschließung (um 1930)

Bild 17: Weiler Übersachsen, Gemeinde Tösens (1988). Der Straßenbau hat eine deutliche Verbesserung in der Bausubstanz der Wohn- und Wirtschaftsgebäude gebracht. Mehrfachexistenzen unter einem Dach sind verschwunden.

Gravierende Veränderungen seit dem Bau der ersten Fahrverbindung in den fünfziger Jahren werden am Beispiel des Weilers Boden in Übersachsen, Gemeinde Tösens, deutlich (vgl. *Bild 16 und 17*). Durch mehrfaches Abteilen der Wohnräume und durch unkontrollierte Zubauten wurden die Wohnbedingungen für alle Hofbewohner verschlechtert. Nach dem Bau des ersten, für die heutigen Verhältnisse aber nicht mehr akzeptablen Zufahrtsweges wurden fast alle Häuser dieses Weilers abgetragen und neuaufgebaut.

Im Paznauntal, Kaunertal und Pitztal, vor allem aber in Osttirol wurde festgestellt, daß einige der ehemaligen Wohngebäude von den „Alten" (Eltern, Tanten, Onkel) bewohnt werden. In Gebieten, wo die Bauernhöfe größer sind (Mittel- und nordöstliches Tirol), geht die Tendenz eher dahin, für die „Alten" ein eigenes kleines Haus („Zuhäusl", „Austraghaus"," Altenteil") neu zu errichten.[17]

Bei ihrem Wirtschaftsgebäude haben 60 % der Hofbesitzer einen Um- oder Neubau vorgenommen, um damit die Arbeitsbedingungen zu verbessern. Drei Viertel aller Um- und Neubauten wurden nach dem Anschluß des Hofes an das öffentliche Straßennetz durchgeführt. Auffällig ist hier wieder die geringe Bautätigkeit in Osttirol. Auf den bereits erschlossenen Höfen wollen nur noch 3 Prozent der Besitzer bauliche Veränderungen am Wirtschaftsgebäude vornehmen, bei den heute noch unerschlossenen Höfen ist der Prozentsatz doppelt so hoch. Vom kulturellen Standpunkt aus wäre es wünschenswert, wenn möglichst viele alte Höfe bestehen blieben und nur die Bausubstanz verbessert würde, denn durch einen Abriß des Hauses geht manchmal wertvolles Kulturgut verloren.

Vielfach sind aber die Grundmauern feucht, der Dachstuhl schlecht oder überhaupt das Wohngebäude und der Stall viel zu klein, sodaß für den Besitzer nur ein Neubau in Frage kommt. Das neue Haus wird in den seltensten Fällen aus Holz gebaut, statt des Schindeldaches wird ein Ziegeldach verwendet. Viele neuerbaute Höfe, besonders die Wohngebäude, sind leider nicht mehr in der ursprünglichen ortstypischen Bauweise errichtet und unterscheiden sich kaum von den Einfamilienhäusern im Tal.

Die Ergebnisse der land- und forstwirtschaftlichen Betriebszählung 1960 vermitteln einen Überblick über die Ausstattungsverhältnisse zu dieser Zeit. Während auf den Höfen die Stromversorgung zu 98 % gesichert war, hatten 16 % keinen Wasseranschluß im Wohngebäude. Ein gewaltiger Nachholbedarf bestand im Bau von Bädern und WCs, denn lediglich 15 % aller landwirtschaftlichen Betriebe in Tirol hatten zu dieser Zeit ein Bad, und nur in jedem vierten Bauernhof war ein WC installiert. Wie aus der letzten Betriebszählung zu entnehmen ist, haben sich in den Jahren von 1960 bis 1990 die Ausstattungsmängel erheblich verbessert und viele Betriebe eine neue sanitäre Einrichtung erhalten.

Offensichtlich besteht bei den baulichen Aktivitäten ein Zusammenhang mit den sozioökonomischen Betriebstypen. Nebenerwerbsbetriebe weisen bei den Wohngebäuden meistens einen besseren Bauzustand auf als Vollerwerbsbetriebe, was beweist, daß die Nebenerwerbsbauern eher bereit sind, ihr Einkommen in den Ausbau des Wohngebäudes zu investieren (vgl. *Pevetz* 1983, 745). Weniger betrifft dies die Wirtschaftsgebäude. Höfe mit hoher Betriebserschwernis und abseitiger Lage befinden sich, wie die Bestandsaufnahme ergab, durchwegs in einem viel schlechteren Bauzustand. Hier hat es fast den Anschein, als hätten sich die Vorstellungen zeitgemäßer Arbeitsbedingungen und einer der Zeit entsprechenden Lebensweise noch nicht durchgesetzt.

Die Befragung auf den erschlossenen Höfen hat gezeigt, daß 85 % mit einem Wasseranschluß, mit Bad und WC ausgestattet sind, die Betriebszählung 1990 für Tirol registriert nahezu denselben Wert. In den Bezirken Schwaz, Landeck und Lienz übertreffen die Bergbauernhöfe ohne Bad und WC das Landesmittel.

Wie sehr der Bau der Straßenverbindung Um- und Neubauten von Bauernhäusern beschleunigte und somit eine Verbesserung der Lebensqualität in Gang brachte, geht daraus hervor, daß mehr als 60 % der heute erschlossenen Höfe erst nach der Fertigstellung der Straße mit einem

Neu- oder Umbau ihres Bades oder WCs begonnen haben. Nur 18 % hatten bereits vor dem Straßenbau ein WC im Haus, wobei es sich hier vor allem um jene Betriebe handelt, die erst vor wenigen Jahren ihren Straßenanschluß erhielten.
Die Ausstattung der Höfe ist in jenen Gemeinden zufriedenstellend, wo der Fremdenverkehr floriert, während in den rein bäuerlichen Gemeinden die Höfe durchwegs weniger gut ausgestattet sind.
Deutlich schlechtergestellt sind die absolut und relativ unerschlossenen Höfe; nur 68 % gaben an, Fließwasser, WC und Bad im Wohngebäude zu besitzen. Viele dieser Betriebe haben dennoch in den letzten Jahren ein Bad oder WC installiert, vor allem dort, wo das Baumaterial zumindest mit einem Transporter angeliefert werden konnte. Hinsichtlich der Sanitärausstattung der Höfe wird ein Zusammenhang mit dem Alter der Betriebsbesitzer erkennbar. So tendieren vor allem die älteren Bauern dazu, sich mit den gegebenen schlechten sanitären Verhältnissen abzufinden. Wird dann der Hof von den Jungen übernommen, sind damit sehr oft bedeutende Investitionen zur Wohnungsverbesserung verbunden.
Die Mechanisierung brachte eine Ausweitung des Maschinen- und Geräteparks mit sich, woraus sich die Notwendigkeit ergab, für diese Fahrzeuge eine Unterbringungsmöglichkeit zu schaffen. Besonders auf den großen Höfen im Anerbengebiet wurde des öfteren ein Nebengebäude mit Garagen, nicht selten auch mit einer Werkstatt oder einer Ferienwohnung im darüberliegenden Stockwerk errichtet. Relativ selten sind solche Gebäude im Oberinntal und in Osttirol anzutreffen.

Wenngleich sich der Bauzustand der Wohn- und Wirtschaftsgebäude auf den erschlossenen und auch auf den relativ unerschlossenen Höfen merklich verbessert hat, wird es auf den absolut unerschlossenen Höfen immer schwieriger, die entsprechenden Rahmenbedingungen für eine nachhaltige Bewirtschaftung zu schaffen. In Zukunft wird neben dem Neubau baufälliger Wohn- und Wirtschaftsgebäude vor allem der Bau von Wohnhäusern für die weichenden Kinder im Vordergrund stehen. Über die damit verbundene Problematik der Zersiedelung und des Grundverkehrs soll an anderer Stelle dieser Arbeit näher eingegangen werden.

5.4.2 *Die Siedlungs- und Bevölkerungsentwicklung in den ehemals unerschlossenen Siedlungsräumen*

Sehr aufschlußreiche Ergebnisse über den Einfluß der Erschließungstätigkeit auf die Siedlungs- und Bevölkerungsentwicklung im ehemals oder heute noch unerschlossenen Bergsiedlungsraum liefert die Auswertung der Ortsverzeichnisse aus den Jahren 1960 und 1980. Diese ermöglicht eine genaue Analyse auf der Basis von kleinsten räumlichen Einheiten, von der Einzelhofsiedlung über Weiler und Rotten zu größeren Ortsteilen. Damit konnten Veränderungen bezüglich der Gesamthäuserzahl und der Zahl der dort lebenden Menschen in Abhängigkeit von den Erschließungsverhältnissen festgestellt werden. Um den Einfluß des Fremdenverkehrs zu erfassen, wurden die einzelnen Teilauswertungen je nach der Fremdenverkehrsintensität der betreffenden Gemeinde einer Gruppe zugeteilt.

Die Wohnbevölkerung Tirols nahm zwischen 1961 und 1991 von 463.000 auf 631.000 zu, wobei in den ersten 10 Jahren dieses Zeitraums der Bevölkerungszuwachs mit 16,8 % doppelt so hoch ausfiel als im zweiten mit 8,4 und im dritten Dezennium mit 7,6 %. Dieses hohe Bevölkerungswachstum ist in erster Linie auf den Geburtenüberschuß zurückzuführen. Die dynamische Siedlungstätigkeit ließ in diesen 30 Jahren die Zahl der Gebäude von 71.000 auf 139.000 ansteigen, was immerhin einer Steigerung auf fast das Doppelte gleichkommt. Die im peripheren und wirtschaftlich schwachen Raum gelegenen Siedlungen weisen, zumeist aufgrund der negativen Wanderbilanz, im allgemeinen bedeutend geringere Wachstumsraten auf. Für die Auswertung der Ortsverzeichnisse wurden nur jene Fraktionen bzw. Höfe herangezogen, die im Jahr 1960 noch als unerschlossen eingestuft waren. Die Auswahl dieser Fraktionen erfolgte

Abb. 23: Die Bautätigkeit auf den neuerschlossenen Bergbauernhöfen

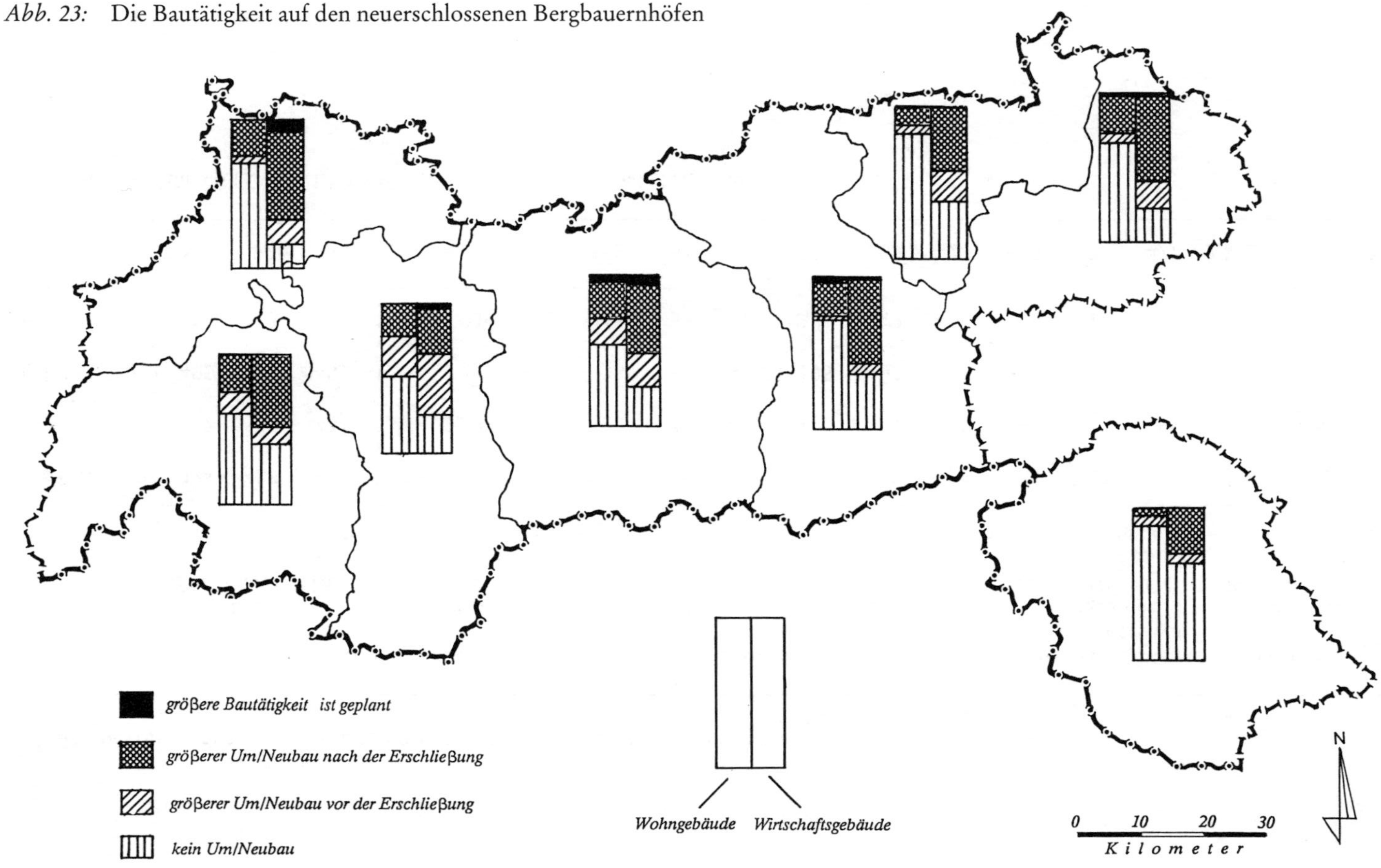
größere Bautätigkeit ist geplant
größerer Um/Neubau nach der Erschließung
größerer Um/Neubau vor der Erschließung
kein Um/Neubau
Wohngebäude
Wirtschaftsgebäude
0 10 20 30
Kilometer
N

Quelle: eigene Erhebungen, eigener Entwurf

Tab. 35: Bevölkerungs- und Siedlungsentwicklung in den neuerschlossenen und unerschlossenen Fraktionen

	neuerschlossene Fraktionen							unerschlossenen Fraktionen							neuerschl. Fraktionen in Gemeinden mit intensivem Fremdenverkehr						
	Wohngebäude			Einwohner				Wohngebäude			Einwohner				Wohngebäude			Einwohner			
	1961	1981	Diff. 1961-1981 in Prozent	1961	1981	Diff. 1961-1981 in Prozent		1961	1981	Diff. 1961-1981 in Prozent	1961	1981	Diff. 1961-1981 in Prozent		1961	1981	Diff. 1961-1981 in Prozent	1961	1981	Diff. 1961-1981 in Prozent	
Westtirol	428	488	+14	2.224	2.279	+ 2		76	58	−24	304	188	−38		83	87	+ 5	309	314	+ 2	
Mitteltirol	417	545	+31	2.086	2.291	+10		20	19	− 5	100	71	−29		62	112	+81	400	578	+45	
Östl. Nordtirol	400	732	+83	1.955	2.492	+27		38	39	+ 3	195	192	− 2		355	691	+95	1.772	2.321	+31	
Osttirol	156	163	+ 4	1.051	1.036	− 1		42	37	−12	275	249	− 9		10	11	+10	29	33	+13	
Tirol	1.401	1.928	+38	7.316	8.098	+11		176	153	−13	874	700	−20		510	901	+77	2.510	3.246	+29	

Quelle: Ortsverzeichnis für Österreich 1961; Ortsverzeichnis 1981, Landesheft Tirol

nach demselben Prinzip, das bereits bei der Auswahl der Untersuchungsgemeinden für die Befragung zur Anwendung kam (vgl. *Kap. 5.1.2*).

Die Bevölkerung in den ehemals unerschlossenen, mittlerweile erschlossenen Siedlungen ist von 1961 bis 1981 tirolweit um 11 % gestiegen (vgl. *Tab. 35*). Die wirtschaftlich starken Gebiete in den Bezirken Kitzbühel und Kufstein zeigen eine überdurchschnittliche Steigerung (+27 %), im Bezirk Landeck ist die Bevölkerungsentwicklung mit nur 1 % knapp positiv, in Osttirol dagegen weisen die neu erschlossenen Gebiete einen negativen Wert von − 1 % auf.

Bei der Gesamthäuserzahl, wozu auch die Wochenendhäuser gehören – sofern sie überhaupt registriert sind -, ergibt sich für Tirol ein Steigerungswert von 38 %. Die Erfahrung bei der Erhebungsarbeit zeigte, daß die starke Neubautätigkeit seit der letzten amtlichen Erhebung bis heute weiterbesteht. Seit 1960 dürfte demnach die Zahl der Wohngebäude (landwirtschaftliche und nichtlandwirtschaftliche) um 50 % zugenommen haben. Dies übertrifft in den ausgewählten Siedlungsräumen in allen Bezirken Tirols das Bevölkerungswachstum mehrfach. Im Bereich von Kitzbühel hat sich die Summe der Wohngebäude um 91 % erhöht, bei der Wohnbevölkerung betrug die Steigerung nur ein Drittel davon, was damit zusammenhängt, daß hier besonders viele Zweitwohnsitze entstanden, deren Bewohner nicht zur Wohnbevölkerung gezählt werden. Ein weiterer Grund liegt darin, daß an den neu errichteten Erschließungswegen heute zahlreiche Einfamilienhäuser liegen und die Kinderzahl wie auch jene der am Hof lebenden Personen kleiner ist als früher in den Großfamilien. Letzteres trifft für alle Bezirke in Tirol zu.

Was die Siedlungs- und Bevölkerungsentwicklung anlangt, zeigen diese in den Berggemeinden Tirols einen regional recht unterschiedlichen Verlauf. Allgemein kann jedoch festgestellt werden, daß die Zuwächse mit der lagebedingten Isoliertheit schwächer werden. Die überdurchschnittlich negativen Wanderbilanzen – gerade in den wirtschaftlich schwach entwickelten und durch Lageungunst gekennzeichneten Gemeinden wie Kaunerberg, Spiss, Rohrberg, Rettenschöss, Kals, St. Johann i. Walde, Strassen, Untertilliach, Inner- und Außervillgraten und die Seitentalgemeinden im oberen Lechtal – verstärken diesen Eindruck. Am deutlichsten zeigen sich die Auswirkungen der Isolation bei den heute noch unerschlossenen Siedlungen. Im Zeitraum von 1961 bis 1981 ist in diesen Gemeinden die Zahl der Wohnbevölkerung um 26 % gesunken (vgl. *Abb. 24*), im Realteilungsgebiet Westtirols waren es 38 und im Außerfern, das in dieser negativen Bilanz den Rekord hält, sogar 53 %. Überraschend klein war die Abnahmerate mit 9 % in Osttirol. Sicher hängt dies dort mit bereits mehrfach erwähnten geringen Alternativen im Erwerbsleben zusammen, die Bergbevölkerung ist daher viel eher auf ein Verbleiben in der Landwirtschaft angewiesen.

Interessante Rückschlüsse ergeben sich auch daraus, wie viele Menschen jeweils auf einem Hof wohnen. In Osttirol sind es im Durchschnitt 6,7 Personen, in Westtirol dagegen nur die Hälfte. Damit kommt zum Ausdruck, daß die Kinderzahl pro Familie in Osttirol die höchste Tirols ist, aber auch, daß wegen der geringeren Neubautätigkeit bei nichtlandwirtschaftlichen Gebäuden noch relativ viele Verwandte am heimatlichen Hof verbleiben.

Wenn auch die Bevölkerungs- und Siedlungsentwicklung in den peripheren Lagen nur die Hälfte der Tiroler Zuwachsraten erreicht, so muß dies trotzdem als positive Folgeerscheinung der Erschließung dieses Raumes angesehen werden. Ein Vergleich mit den Grenzgebieten im Osten Österreichs oder mit den Bergsiedlungen in den französischen Alpen und im Apennin zeigt, daß die Verhältnisse in Tirol im gesamten gesehen doch bedeutend besser sind. Mögen in den Zeiten vorherrschender Selbstversorgerwirtschaft die Hofgröße, Exposition und Qualität des Bodens von entscheidender Bedeutung für den Bergbauern gewesen sein, so ist heute die Einbindung in das Verkehrsnetz ein mitbestimmender Faktor für die Aufrechterhaltung der Bewirtschaftung.

In vielen Gesprächen wurden von den am Hof aufgewachsenen Personen die Unterschiede gegenüber jener Zeit, als der Hof noch nicht erschlossen war, hervorgehoben: Die weichenden Kinder suchten auf den anderen Bauernhöfen, im Tal oder in den weiter entfernten Städten

Abb. 24: Die Bevölkerungs- und Siedlungsentwicklung in den ehemals und heute noch unerschlossenen Berggebieten 1961 – 1981

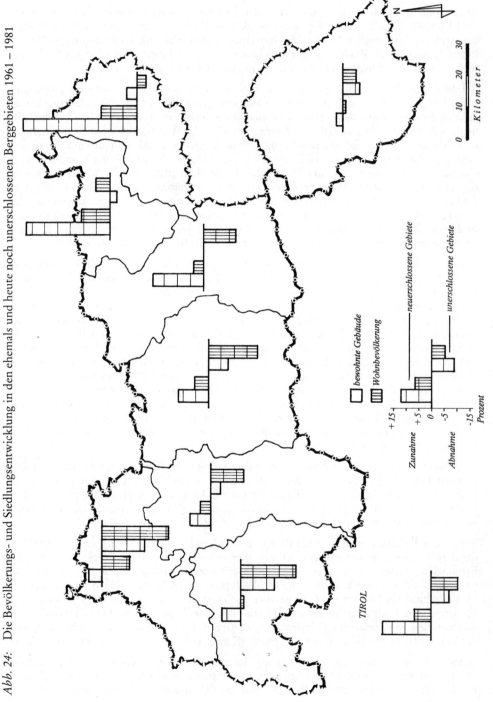

Quelle: Ortsverzeichnis von Österreich 1961, Ortsverzeichnis 1981, Heft Tirol; eigener Entwurf

Arbeit, blieben also nicht dort, wo sie aufgewachsen sind. Heute hat sich dies geändert. Viele Menschen haben trotz eines weiter entfernten Arbeitsplatzes ihren neuen Wohnsitz in der Nähe des elterlichen Hofes errichtet. Gerade in dem als entsiedlungsgefährdet eingestuften Gebiet ist die Neubautätigkeit von Bedeutung, weil damit eine Isolierung der bestehenden Höfe vermieden wird.

Die im folgenden angeführten Zahlen beziehen sich auf jene Personen, die am Hof oder in einem nichtlandwirtschaftlichen Gebäude gelebt haben, älter als 15 Jahre sind und nicht mehr ständig am Hof wohnen. Es sei dabei die Frage aufgeworfen: Wo ziehen jene Personen hin, die am Bergbauernhof aufgewachsen sind, und wie machen sich die unterschiedlichen Erschließungverhältnisse bemerkbar?

Tab. 36: Der neue Wohnort der auf Bergbauernhöfen aufgewachsenen Personen

Bezirk	Der neue Wohnort ist								Summe = 100 %
	anderer Hof in der Gemeinde		Wohnh. auf elterl.Grund		Wohnh. in der Gemeinde		außerhalb der Gemeinde.		
	abs.*	in %	abs.	in %	abs.	in %	abs.	in %	
Imst	1(0)	2,9	3(1)	8,6	10(2)	28,6	21(9)	59,9	35
Innsbruck	6(1)	5,0	24(9)	20,0	28(3)	23,3	62(11)	51,7	120
Kitzbühel	11(0)	13,4	6(0)	7,3	25(0)	30,5	40(0)	48,8	82
Kufstein	4(0)	7,1	8(0)	14,3	19(2)	33,9	25(0)	44,6	56
Landeck	5(1)	11,9	10(0)	23,8	4(0)	9,5	23(0)	54,8	42
Lienz	4(0)	3,0	5(0)	3,7	25(0)	18,5	101(6)	74,8	135
Reutte	2(0)	20,0	1(0)	10,0	1(0)	10,0	6(1)	60,0	10
Schwaz	9(1)	10,3	17(2)	21,8	13(0)	14,9	46(9)	52,9	87
Tirol	42(3)	7,4	76(12)	13,4	125(7)	22,0	324(37)	56,5	567

* In Klammer ist die Zahl der untersuchten Personen angegeben, die auf unerschlossenen Höfen erhoben wurde.

Quelle: Eigene Erhebungen

Wie erwartet, wählt die vom Berg wegziehende Bevölkerung in den wirtschaftlich starken Räumen viel seltener einen Wohnsitz außerhalb der Gemeinde als in den wirtschaftlich schwachen. In Osttirol verlassen drei Viertel aller vom Hof wegziehenden Personen den Heimatort und suchen sich in einer anderen Gemeinde, oft auch in Nordtirol ihren neuen Wohnsitz. Im Nordosten Tirols dagegen läßt sich die Mehrheit (47 %) auch nach dem Wegziehen vom Hof im ursprünglichen Wohnort nieder. Dabei wäre gerade in entsiedlungsgefährdeten Gebieten die Errichtung von neuen Wohngebäuden von Bedeutung, weil damit einer Isolierung der bestehenden Höfe begegnet und ein zu starker Rückgang der Bevölkerung vermieden werden könnte.

5.4.3 Die nichtlandwirtschaftlichen Wohngebäude im Berggebiet

Die bedeutendste sichtbare Auswirkung des Straßenbaus zur Höfeerschließung ist wohl die rapide Zunahme der nichtlandwirtschaftlichen Bautätigkeit in Form von Ein- bzw. Mehrfamilienhäusern und Zweitwohnsitzen. Besonders im unteren Bereich der Bergstraßen, die von jenen höherer Ordnung nicht allzuweit entfernt sind, hat die Zahl der Neubauten in vielen Fällen jene der landwirtschaftlichen Anwesen überschritten.

Der überwiegende Teil der nicht landwirtschaftlich genutzten Neubauten wurde nach 1970 errichtet. Drei von vier der 102 untersuchten Neubauten in Tirol wurden erst fertiggestellt, nachdem der Straßenanschluß gegeben war. In den Bezirken Kitzbühel und Kufstein gaben sogar 21 von 23 Befragten an, ihr Wohnhaus erst nach dem Straßenbau gebaut zu haben. Für diese war also der Straßenbau eine Voraussetzung für die Schaffung ihres Wohnsitzes.

Die Errichtung von Neubauten im Nahbereich von absolut unerschlossenen Höfen ist nahezu unmöglich. Im Zuge der Erhebungsarbeit wurde immer wieder festgestellt, daß mit der Errichtung von nichtlandwirtschaftlichen Gebäuden erst dann begonnen wurde, sobald der Hoferschließungsweg fertiggestellt war. Anfänglich wurden die Baugenehmigungen dafür in vielen Gemeinden bedenkenlos vergeben, da man froh war, die Bevölkerung im Berggebiet halten zu können. Nachdem in allen Tiroler Gemeinden Flächenwidmungspläne erstellt sind, wird bei der Vergabe von Bauplätzen nicht mehr so bedenkenlos vorgegangen wie früher.

Die Erhebungen ergaben, daß 91 % der neuerrichteten Wohnhäuser Einfamilienhäuser sind, 8 % werden von zwei Familien und 1 % von drei Familien bewohnt. Von den 391 untersuchten erschlossenen Höfen haben 144 (37 %) auf ihrem Grund mindestens ein Wohnhaus mit nichtlandwirtschaftlicher Nutzung errichtet. Insgesamt wurden bei diesen 144 Höfen 205 Wohnhäuser neu errichtet. Im Bezirk Innsbruck entfallen dabei auf 82 erschlossene Höfe 54 Neubauten, im Bezirk Kitzbühel auf 54 Höfe 62 Neubauten und in Osttirol auf 62 Höfe nur 7 Neubauten.

Die Siedlungstätigkeit im Bergbauerngebiet wird in erster Linie durch die ortsansässige Bevölkerung getragen. 74 % der Neubaubesitzer haben das Grundstück, auf dem das Haus steht, von den Eltern oder Schwiegereltern bekommen, 4 % von Geschwistern oder Verwandten und 3 % vom Nachbarn. Dies bedeutet, daß 4 von 5 Neubauten (ohne Miteinbeziehung von nicht ständig bewohnten Zweitwohnsitzen) von Personen errichtet wurden, die in diesem Lebensraum aufgewachsen sind.

In der Nähe des Verdichtungsraumes Unterinntal sind auch die Berglagen zu einem bevorzugten Wohngebiet der Talbevölkerung geworden. So haben sich in Volders (Großvolderberg) und in der Wildschönau aus dem Tal (Wattens, Wörgl) stammende Familien dort niedergelassen. Die

Abb. 25: Die Herkunft der Eigentümer von nicht landwirtschaftlich genutzten Neubauten im Bergsiedlungsraum

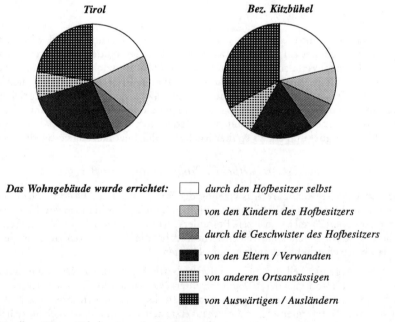

Quelle: Eigene Erhebungen, eigener Entwurf

Vorteile liegen auf der Hand: Niedere Bodenpreise, keine Lärmbelastung durch den Verkehr und gute Erreichbarkeit der Talorte.

60 % der Männer, aber nur 24 % der Frauen gaben an, in unmittelbarer Nähe am elterlichen Hof aufgewachsen zu sein. Immerhin stammen 80 % der Männer und 58 % der Frauen aus jener Gemeinde, in der sie jetzt wohnen. In einigen Gemeinden, vor allem in jenen, wo der Fremdenverkehr von Bedeutung ist, läßt sich eine gewisse Änderung in den traditionellen Strukturen feststellen. Sehr hoch ist hier der Anteil der Frauen, die aus einem anderen Bezirk stammen, er liegt bei 21 %. Dies ist nicht zuletzt darauf zurückzuführen, daß in den Fremdenverkehrsgebieten immer wieder Beschäftigte aus den östlichen Bundesländern zuwandern und in Tirol einen einheimischen Ehepartner finden.

Die durchschnittliche Kinderzahl je Familie liegt mit 2,2 deutlich unter jener der Bauernfamilien mit 3,2. Dies ist ein Zeichen dafür, daß die gesellschaftlichen Veränderungen im Bergbauerngebiet zuerst von jener Bevölkerungsgruppe übernommen werden, die keinen direkten Bezug mehr zur Landwirtschaft hat. Wie bereits erwähnt, mußte früher, als viele Höfe noch unerschlossen waren, die Mehrheit der weichenden Kinder, sobald sie erwachsen waren und dort nicht mehr arbeiteten, wegziehen. Heute, nachdem die Zufahrt besteht, bekommen jene Kinder, die nicht den Hof übernehmen, eine Bauparzelle als Abfindung und können sich in der Nähe des elterlichen Hofes niederlassen.

Die Mehrheit der Besitzer von Neubauten sind bäuerlicher Herkunft. 75 % der männlichen und etwas mehr als die Hälfte der weiblichen Hauseigentümer stammen selbst aus der Landwirtschaft, der Großteil davon steht mit dem früheren Besitzer in einem Verwandtschaftsverhältnis. Von der Hälfte der Befragten wurde angegeben, daß sie zumindest zeitweise in der Landwirtschaft mithelfen. Seit der Erschließung wurde im Untersuchungsgebiet rund ein Fünftel der neuen Wohnhäuser von Ortsfremden bzw. Ausländern errichtet. Auffallend hoch ist ihr Eigentumsanteil in jenen Fremdenverkehrsgebieten, die im Nahbereich von Deutschland liegen.

In den letzten Jahren ist der Anteil der Personen, die im bergbäuerlichen Siedlungsraum leben, aber nicht in der Landwirtschaft beschäftigt sind, stark angestiegen. Die Bereitschaft, weitere Pendelstrecken in Kauf zu nehmen, ist verständlicherweise bei jenen, die keine Landwirtschaft betreiben, größer als bei den Nebenerwerbsbauern.

Tab. 37: Der Arbeitsort der Bewohner von nicht landwirtschaftlichen Gebäuden und Nebenerwerbsbauern

Arbeitsort	Bewohner von nicht landwirtschaftlichen Gebäuden	Nebenerwerbsbauern
in der Wohngemeinde	42 %	55 %
in der Nachbargemeinde	18 %	10 %
in anderer Gemeinde im Bezirk	29 %	27 %
außerhalb des Bezirkes	11 %	8 %

Quelle: Eigene Erhebungen 1988

5.5 Höfeerschließung und Fremdenverkehr

5.5.1 Die Bedeutung der Straßen für den Fremdenverkehr im Berggebiet

Für den Einstieg in die Unterkunftsvermietung am Bergbauernhof ist die Verkehrserschließung des Hofes von entscheidender Bedeutung. Neben der „Zubringerfunktion" für den „Urlaub am Bauernhof" – sei es durch die Zimmervermietung oder die Vermietung von Ferienwohnungen – erbringt der Ausbau des Straßennetzes noch eine wichtige Leistung für den Fremdenverkehr, nämlich die Voraussetzungen für den motorisierten Ausflugstourismus. (Auf den in Kap. 5.2.5

besprochenen Einfluß des Fremdenverkehrs auf den Benutzerkreis der Erschließungswege sei an dieser Stelle hingewiesen.)

Eine nicht zu unterschätzende Anziehungkraft für den Ausflugstourismus stellen die Jausenstationen und Alpengasthöfe dar, die durchwegs erst nach dem Bau der Straße entweder aus Bauernhöfen entstanden sind oder, was häufiger festzustellen ist, von Kindern oder Geschwistern des Hofbesitzers neu errichtet wurden. Besonders rege ist diese Form des Ausflugstourismus in den fremdenverkehrsintensiven Gemeinden des Stubaitales, des Brixentales und im Zillertal; hier gibt es an den Straßen zur Erschließung des Fügenberges, Kupfnerberges, Gattererberges, Stummerberges, Riedberges, Schwendberges und von Astegg, Gemeinde, Finkenberg, 17 Ausflugsgasthäuser bzw. Jausenstationen. Solche Gastbetriebe bieten Arbeitsplätze, die von der weiblichen Bevölkerung der umliegenden Höfe bevorzugt angenommen werden. In starkem Ausmaß sind Familienmitglieder in den Gastbetrieb involviert. Für einige Bewohner ergibt sich dabei der Vorteil, in unmittelbarer Nähe ihres Wohnhauses den Arbeitsplatz zu haben und nicht auspendeln zu müssen. Ein Nachteil ist, daß die meiste Arbeit auf den Sommer entfällt, wenn die Mithilfe bei der Feldarbeit am nötigsten ist.

Besonders eindrucksvolle Beispiele für die Miteinbeziehung des Fremdenverkehrs in die Bergbauernwirtschaft sind die sich in Extremlage befindenden Höfe von Pfurtschell und Kartnall sowie der Hof Forchach, alle an der westlichen Talseite von Neustift i. Stubai gelegen. Sie sind als Jausenstationen zum Teil großzügig (Pfurtschell) ausgebaut worden und werden als Familienbetriebe zumeist von der Frau und den Kindern geführt. Als Zeichen der Bewirtschaftung und zur Ankurbelung des Umsatzes wird vor dem Hof eine weithin sichtbare Fahne aufgestellt, am Abend wird die talseitige Hausfront von Scheinwerfern angestrahlt oder der Dachfirst mit vielen Glühlampen bestückt.

Da das Verkehrsaufkommen auf vielen Straßen zu den Bergbauernhöfen nicht sehr groß ist, werden sie von Fremdengästen bei Wanderungen benutzt, im Winter dienen sie zum Teil als Rodelwege. Viele Wanderwege und Schitouren nehmen von den Hoferschließungswegen ihren Ausgang. Um dem Ansturm der Autos von Tourengehern und Bergwanderern gewachsen zu sein, mußten vielerorts, wie z. B. beim Weiler Grün im Navistal oder auch in anderen von Touristen bevorzugten Gebieten, große Parkplätze errichtet werden.

Abb. 26: Fremdenbeherbergung und Vermietungstätigkeit

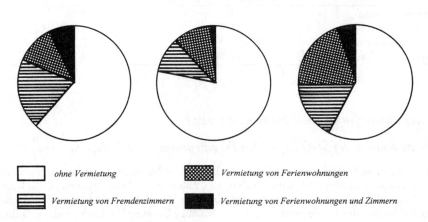

Quelle: Eigene Erhebung, eigener Entwurf

5.5.2 Die Entwicklung des touristischen Angebots

In Tirol vermieten 39 % der untersuchten erschlossenen Höfe Zimmer oder Ferienwohnungen an Gäste. (Zum Vergleich: 1990 vermieteten 30 % aller landwirtschaftlichen Betriebe Fremdenzimmer.) Im Gegensatz dazu haben nur 22 % der unerschlossenen Höfe angegeben, Unterkünfte zu vermieten. Von den absolut unerschlossenen und ständig bewohnten Betrieben wurde nur von einem einzigen (aus der Wildschönau) die Zimmervermietung bestätigt.

Die große Bedeutung des Fremdenverkehrs für die erschlossenen Bergbauernhöfe geht aus dem hohen Anteil an Vermietern im Bezirk Kitzbühel hervor, der dort bei 57 % liegt. Im Gebiet westlich von Imst, wo viele der ehemals unerschlossenen Höfe auf extrem gelegenen Hangleisten zu finden sind, wo schon die Zufahrt für den Touristen zum Erlebnis wird oder wo es wegen der Lawinengefahr des öfteren zu Straßensperren kommt, hat der Fremdenverkehr einen bedeutend geringeren Stellenwert. Aus diesem Grund ist es verständlich, daß im Bezirk Landeck nur ein Viertel aller Betriebe den „Urlaub am Bauernhof" anbietet.

Die Höfe in den vom Tourismus geprägten Gemeinden profitieren verständlicherweise am meisten davon. Hier bieten 50 % Fremdenzimmer oder Ferienwohnungen an. Fast 30 % davon gaben an, daß die Vermietung von Zimmern bzw. Ferienwohnungen auf ihrem Hof eine große finanzielle Bedeutung besitzt. In fremdenverkehrsschwachen Gemeinden hingegen versucht nur ein Viertel der erschlossenen Höfe, überraschenderweise auch derselbe Prozentsatz bei den unerschlossenen, Mehreinnahmen aus der Vermietung zu erzielen. Hier glauben nur 6 %, durch den Fremdenverkehr bedeutende Nebeneinnahmen erwirtschaften zu können.

Etwa 80 % aller Bauernhöfe mit Zimmervermietung bieten weniger als 11 Betten an, betreiben die Vermietung also nicht gewerblich. Entscheidend ist jedoch nicht die Zahl der Zimmer, sondern der Grad der Auslastung, der allerdings auf manchen Höfen sehr schwach ist. Wenn auch der Fremdenverkehr seine größten Zuwächse in jener Zeit erreichte, als viele Höfe schon eine Zufahrt hatten, so konnte doch erst durch einen vorhandenen Zufahrtsweg der „Urlaub am Bauernhof" Fuß fassen. Nur 37 % der Betriebe mit Fremdenbeherbergung gaben an, bereits vor dem offiziellen Straßenanschluß vermietet zu haben. Dabei ist zu berücksichtigen, daß es vor 20 oder 30 Jahren nicht so schwer war, Zimmer auf unerschlossenen Höfen zu vermieten wie heute, wo jeder Gast mit dem Auto bis zum Hof fahren will. Aus dem Villgratental berichtet eine Bäuerin, daß vor etwa 20 Jahren das gesamte Gepäck der Feriengäste mit der Materialseilbahn zum Hof transportiert werden mußte. Trotz der mittlerweile erfolgten Erschließung des Hofes bedurfte es nun großer Anstrengungen, um dieselben Nächtigungsziffern wie damals zu erreichen. Vor allem deshalb, weil auch die Ansprüche auf eine komfortable Ausstattung der Zimmer erheblich gestiegen sind. Trotzdem sind 90 % der Vermieter überzeugt, daß durch die Erschließung eine besserere Auslastung der Zimmer ermöglich worden sei.

Tab. 38: Vermietung auf neu erschlossenen Bergbauernhöfen

	\multicolumn{5}{c}{Beginn der Vermietung}	
	vor 1951	1951-1960	1961-1970	1970-1980	nach 1980	Summe
gesamt	2	7	80	52	13	154
davon vor dem Straßenanschluß	0	1	27	22	7	57
nach dem Straßenanschluß	2	6	53	30	6	97

Quelle: Eigene Erhebungen 1988

Wie aus obenstehender Tabelle ersichtlich ist, hat mehr als die Hälfte der Betriebe im Zeitraum zwischen 1961 und 1970 angefangen, Zimmer zu vermieten. Während in den Jahren von 1951 bis 1960 nur 7 der 154 heute erschlossenen Betriebe mit der Vermietung begonnen haben, waren es im Jahrzehnt danach 80.

Die Ausweitung der Vermietung, die sich in dem weiteren Ausbau von Fremdenzimmern, der Verbesserung des Standards oder dem Bau von Ferienwohnungen äußert, kann als Bestätigung dafür angesehen werden, daß der Fremdenverkehr eine willkommene Einnahmequelle darstellt. 27 % haben nach dem Straßenbau die Vermietung intensiviert, 7 % eingeschränkt. Jedoch haben sich nicht überall die Hoffnungen auf Nebeneinnahmen in der gewünschten Weise erfüllt. Vielfach hängt dies mit der schlechten Ausstattung (Zimmer ohne Bad und WC, fehlende Heizung) zusammen. Es verwundert daher nicht, wenn bei der Befragung immer wieder angegeben wurde, daß die Nächtigungsziffern in den letzten Jahren gesunken sind. Dazu kommt gleichzeitig der allgemein zu beobachtende Rückgang des Sommertourismus, der die niederen Unterkunftskategorien am stärksten betroffen hat.[18]

Die Frage, welche finanzielle Bedeutung die Zimmervermietung am Hof hat, ergab folgende Aussagen:

Geringe Bedeutung	23 %
Aufbesserung des Einkommens	31 %
Große Bedeutung, als Zusatzeinkommen notwendig	32 %
Sehr große Bedeutung, ohne Fremdenverkehr wäre die Landwirtschaft aufgegeben worden	14 %

Für 46 % der erschlossenen Betriebe mit Vermietung oder 18 % aller untersuchten Betriebe hat der Fremdenverkehr eine große bis sehr große Bedeutung. Dieses Ergebnis widerspricht den Aussagen von R. *Holzberger* (1986, 168), der im Zusammenhang von Berglandwirtschaft und Fremdenverkehr schreibt: „Dabei ist festzuhalten, daß der Fremdenverkehr als Betriebszweig mit dem Restbetrieb in Konflikt gerät und über einmal getätigte Investitionen zur Spezialisierung drängt, die mit der Aufgabe des landwirtschaftlichen Betriebes enden kann. Eine Festigung der Betriebe scheint auch über die Zimmervermietung nicht allgemein möglich, was nichts gegen günstig gelegene Einzelfälle aussagt. Diese aber zur Symbiose zu verallgemeinern und die gefährliche Entwicklungsrichtung zu übersehen, ist bloße Ideologie." Dazu sei angemerkt, daß dies für die überwiegende Mehrheit der Tiroler Bauern nicht zutrifft. Im Untersuchungsgebiet vermitteln gerade jene Betriebe einen wirtschaftlich gesunden Eindruck, die sich schon seit Jahren durch den „Urlaub am Bauernhof" ein Nebeneinkommen geschaffen haben.

36 % der Vermieter sind Vollerwerbsbauern, wobei überrascht, daß Vollerwerbsbetriebe, obwohl sie ausschließlich von der Landwirtschaft abhängig sind, nicht stärker als Nebenerwerbsbetriebe in die Vermietungstätigkeit eingebunden sind. Sowohl bei den Voll- als auch bei den Zu- und Nebenerwerbsbetrieben vermieten knapp 40 % Zimmer an Fremdengäste.

Bedeutsam ist der Fremdenverkehr am Hof dann, wenn er Arbeitsplätze im eigenen Gastbetrieb schafft. Von den 441 landwirtschaftlichen Betrieben gaben 23 (5,2 %) Betriebsführer an, einen gewerblichen Gastbetrieb, meist in Form einer Jausenstation, eines Gasthofes oder einer Pension, zu führen.

5.5.3 Ferienwohnungen und Ferienhäuser

Zweifellos hat der Bau von Straßen in das Berggebiet die starke Zunahme von Zweitwohnsitzen bewirkt. Unter diesem Begriff sollen hier nur jene Freizeitwohnsitze gesehen werden, die längerfristig vermietet werden. Seit einigen Jahren zeigt sich beim „Urlaub am Bauernhof" ein verstärkter Trend zu Ferienwohnungen, von denen einige auch über mehrere Jahre an denselben Mieter vergeben werden. Die Vermietung von Ferienwohnungen und Ferienhäusern, wobei meist ausgebaute Almhütten oder Asten, alte Bauernhäuser und das „Zuhäusl" (kleines Wohnhaus für die übergebenden Hofbesitzer) in Verwendung stehen, bietet für den vermietenden Bauern wesentliche Vorteile. Der Aus- oder Umbau zu einem Zweitwohnsitz wird oft vom zukünftigen Mieter getragen. Die Mietverträge werden längerfristig abgeschlossen, wodurch der Vermieter mit festen Nebeneinnahmen rechnen kann. Positiv ist ferner, daß etliche der nun als

Bild 18: Ausgebauter Heustadel, der als Zweitwohnsitz genutzt wird (Stummerberg i. Zillertal).

Freizeitwohnsitze genutzten Gebäude vor dem Verfall bewahrt sind, da von den Mietern laufend Erhaltungs- und Sanierungsarbeiten vorgenommen werden.

In Osttirol und im Bezirk Landeck ist die Nutzung eines landwirtschaftlichen Gebäudes als Freizeitwohnsitz noch am wenigsten zu beobachten, was wiederum mit der dort allgemein schwächeren Einbeziehung des Fremdenverkehrs in Zusammenhang zu bringen ist. Eine große Zahl von Wochenendhäusern befindet sich im Naherholungsbereich des mittleren Inntales, so am Tulferberg, Volderberg, Wattenberg, Kolsaßberg, Weerberg und Pillberg. In Volders soll es nach Auskunft von Einheimischen etwa 60 Wochenendhäuser bzw. ausgebaute Heustadel geben, die zum Großteil im Besitz von Bewohnern aus der Gegend zwischen Innsbruck und Wattens sind.

Überaus groß ist die Zahl der vermieteten Wohnungen bzw. landwirtschaftlichen Gebäude in den Bezirken Schwaz – hier vor allem im Zillertal – Kitzbühel und Kufstein. In diesen Gebieten mit einer hohen Fremdenverkehrsfrequenz konnte immer wieder beobachtet werden, daß landwirtschaftliche Gebäude von ortsfremden Personen einzig für Freizeitzwecke entweder gekauft oder langfristig gepachtet wurden. Der frühere Eigentümer hat mit den daraus erzielten Einnahmen den Bau eines neues Haus mitfinanziert oder in die Verbesserung der bestehenden Wohnverhältnisse investiert. So gibt es in desen Gebieten kaum einen Hof, der seine ursprüngliche Nutzung verloren hat, aber nicht in die Fremdenverkehrswirtschaft miteinbezogen ist. Einige Bauern erzielen ein jährliches Zusatzeinkommen von 100.000 Schilling durch die Vermietung mehrerer landwirtschaftlich nicht mehr genutzter Asten, Almhütten und Heustadel. Speziell an Straßen, die in die Nähe von Schiabfahrten führen, sind die Nebeneinnahmen beachtlich. Im Tiroler Unterland sind es vor allem die Wochenendurlauber aus dem süddeutschen Raum, die die Nachfrage und somit den Preis steigen lassen.

Während es früher für Ausländer immer wieder möglich war, durch Umgehung der Bestimmungen einen Baugrund oder ein Gebäude zu erwerben, werden heute die gesetzlich vorgeschriebenen Auflagen von den Gemeinden stärker kontrolliert. Als Extrembeispiel, welch intensive

Bautätigkeit durch Ausländer nach dem Bau der Erschließungsstraße ausgelöst wurde, sei die Verbindung Aurach – Kochau im Nahbereich von Kitzbühel genannt. Hier hat sich eine Reihe von Persönlichkeiten aus dem deutschen Showgeschäft einen Zweitwohnsitz errichten lassen.

5.6 Fallbeispiel Gattererberg im Zillertal

Als Beispiel für die Bevölkerungs-, Siedlungs- und Wirtschaftsentwicklung sei der durch eine Erhebung und Kartierung näher untersuchte Gattererberg in der Gemeinde Stummerberg im Zillertal herausgegriffen. Die tiefstgelegenen Höfe sind hier auf 700 m Seehöhe, rund 200 m über dem Talboden, während die höchstgelegenen gerade 1200 m erreichen. Diese Bergsiedlung wurde im unteren Bereich bis zur ersten Hofgruppe, Unterhäuser, bereits während des Zweiten Weltkrieges erschlossen und erst 1961 mit der Erschließung der restlichen Höfe begonnen. Damals betrug die Gehzeit zu den höchstgelegenen Höfen „Innneröfen" vom Tal aus nahezu zwei Stunden. Zur nächstgelegenen Haltestelle eines öffentlichen Verkehrsmittels müßten heute auf der gut ausgebauten Straße 6,7 km zurückgelegt werden. Zu Beginn der siebziger Jahre wurde diese Straße fertiggestellt, und heute sind fast alle Höfe erschlossen, sodaß die viele Jahre in Betrieb gewesene Materialseilbahn, die in 2 Sektionen bis zum höchstgelegenen Hof führte, abgetragen werden konnte.

Wie aus den Ortsverzeichnissen zu entnehmen ist, hat der Gattererberg von 1961 bis 1981 eine stark rückläufige Bevölkerungszahl (– 11 %) aufzuweisen. Die Bevölkerungsentwicklung ist in diesem Zeitraum keineswegs kontinuierlich verlaufen. Während die Einwohnerzahl von 1961 bis 1971 um 10 % gesunken ist, betrug die Abnahmerate im Jahrzehnt darauf nur mehr 1 % und stagnierte von 1981 bis 1991. Ganz deutlich tritt hier der Einfluß der Höfeerschließung in den einzelnen Fraktionen zutage. Während im talnahen Bereich, der bereits vor 1961 erschlossen worden war, die Bevölkerung von 1961 bis 1981 um 15 % anwuchs, und in den mittleren Lagen etwa gleich blieb, sank sie in der höchstgelegenen Fraktion Inneröfen um 5 %. Sehr deutlich ist aus der Statistik zu ersehen, daß hier die von 1961 bis 1971 recht bedeutenden Verluste im Zeitraum 1971 bis 1981 gestoppt werden konnten.

Trotz einer negativen Bevölkerungsbilanz hat der Gattererberg in den Jahren von 1961 bis 1991 die beachtliche Zunahme an Wohngebäuden von 87 % erfahren. Wie in den anderen Gemeinden des Zillertales erhöhte sich auch hier im Dezennium 1961 bis 1971, zu einer Zeit, als mit der Erschließung der Höfe in stärkerem Ausmaß erst begonnen wurde, die Zahl der Wohngebäude nur unwesentlich. Dagegen wurden in den unmittelbar angrenzenden Gemeinden am Talboden (Stumm, Ried, Kaltenbach) Wachstumsraten von 39 bis 45 % erreicht. Nach erfolgter Verkehrserschließung des Gattererberges hat die Zahl der Wohnhäuser in den 10 Jahren von 1971 bis 1981 um fast 30 % zugenommen. Neben dem guten Arbeitsplatzangebot im Zillertal und den kurzen Pendeldistanzen hat die nunmehr gute Erreichbarkeit des Beggebietes sehr zur Steigerung der Attraktivität als Siedlungsraum – auch für die nichtbäuerliche Bevölkerung (vgl. Volderberg) – beigetragen. Von den in die Erhebung miteinbezogenen 45 berufstätigen Personen haben 35 ihren Arbeitsplatz im Zillertal.

Wurden die Neubauten in den Talbodengemeinden überwiegend am Rand der geschlossenen Dörfer errichtet, so ist in den Streusiedlungen der Berggemeinden eine starke Bindung an die Trassenführung der Straße gegeben. Nur zu einem geringen Teil geht die starke Zunahme bei den Wohngebäuden auf den Neubau von Zweitwohnsitzen zurück. Von immer größerer Bedeutung ist auch hier, daß das Zusammenleben der heranwachsenden Familienangehörigen unter einem Dach nicht mehr erstrebenswert erscheint und die junge Generation bestrebt ist, selbst ein eigenes Wohnhaus zu errichten.

Heute ist das Vehältnis ständig bewohnter Neubauten zu Altbauten (hier: Gebäude, die vor dem Straßenbau errichtet wurden) im unteren Abschnitt des Gattererberges 2:1, im oberen Siedlungsbereich umgekehrt. Wie in vielen anderen Berggemeinden ist auch hier die Siedlungstätig-

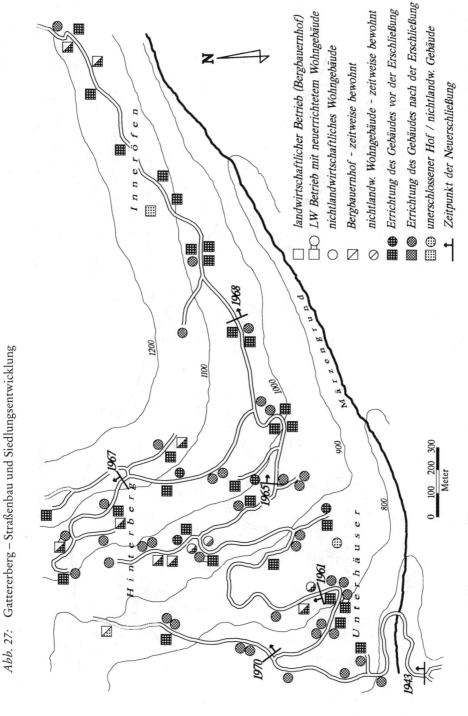

Abb. 27: Gattererberg – Straßenbau und Siedlungsentwicklung

Abb. 28: Gattererberg – Erwerbsart und Bergbauernzonierung

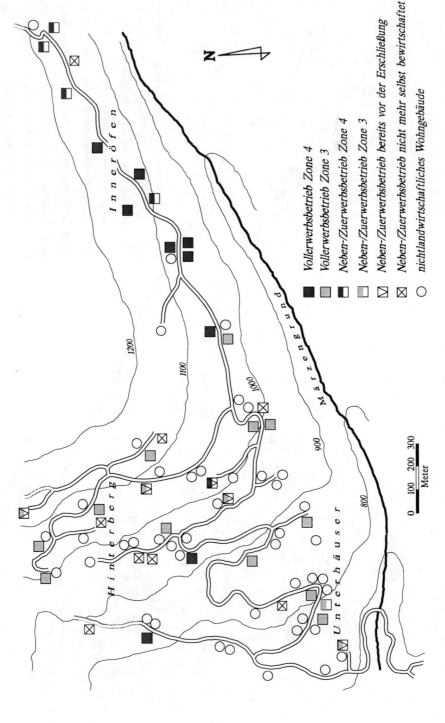

Abb. 29: Gattererberg – Fremdenverkehr

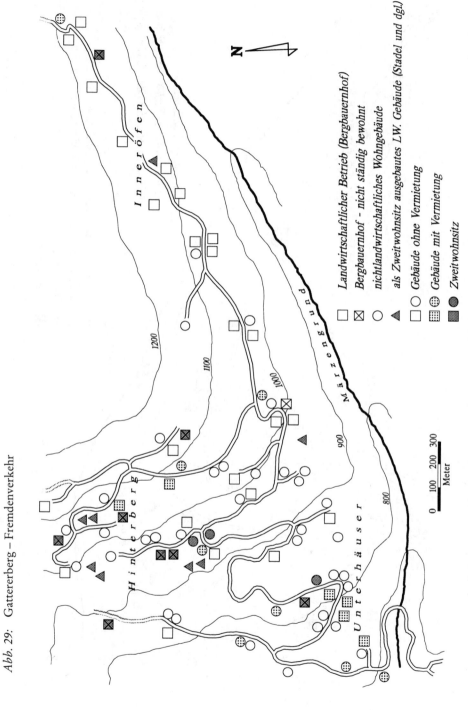

Abb. 30: Gattererberg – Ausstattung der landwirtschaftlichen Betriebe mit Maschinen und Fahrzeugen

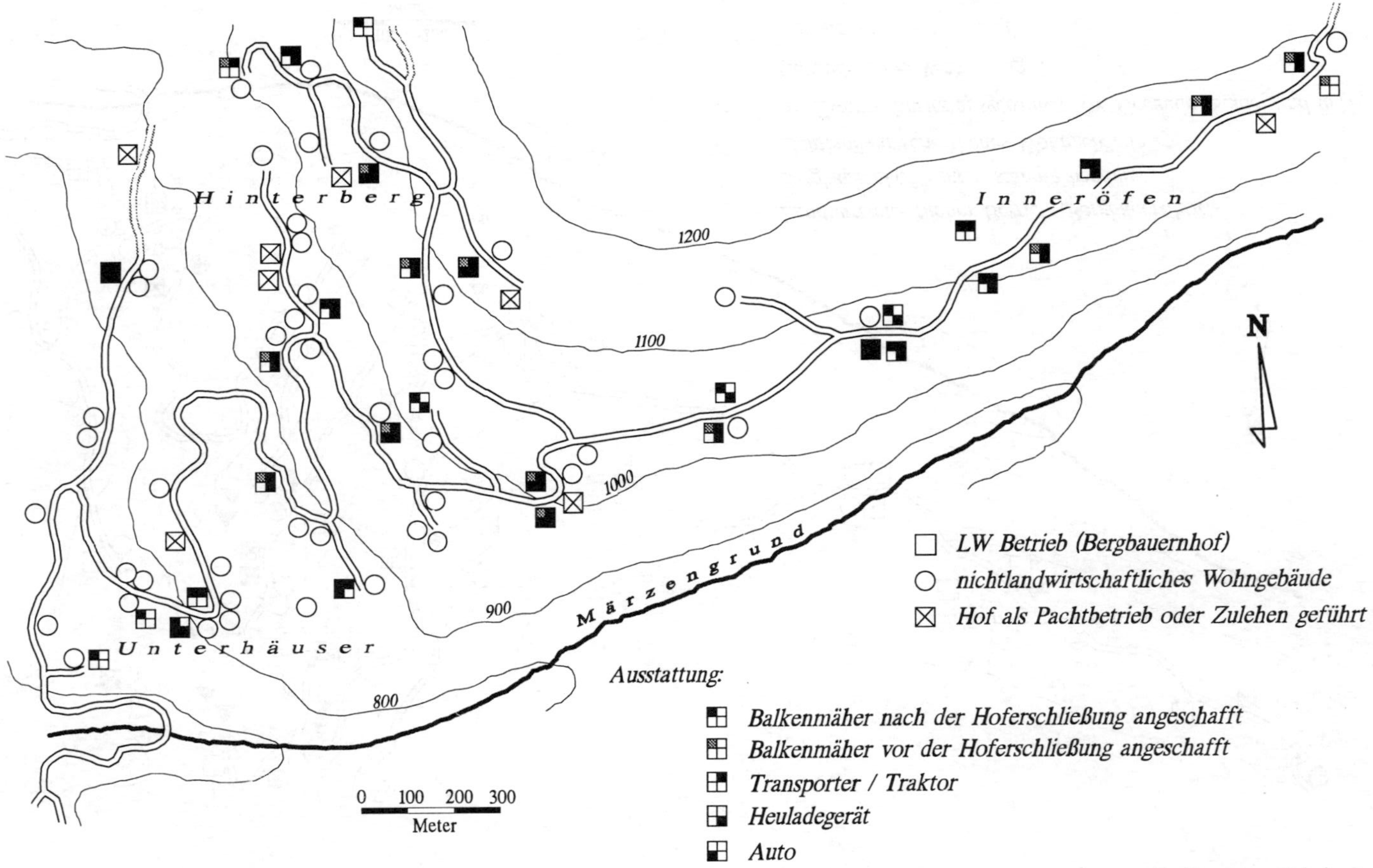

Quelle: eigene Erhebung

keit der nichtlandwirtschaftlichen einheimischen Bevölkerung im oberen Bereich deutlich geringer. Die vielen Zweitwohnsitze in Form von ausgebauten Stadeln, Asten oder alten Bauernhöfen sind im höherliegenden Siedlungsraum oder darüber zu finden.

Tab. 39: Bevölkerungs- und Siedlungsentwicklung am Gattererberg, Gemeinde Stummerberg

	Bevölkerungsentwicklung 1961 – 1981			Entwicklung der Häuserzahl 1961 – 1981		
	1961	1971	1981	1961	1971	1981
Gesamt	315	283	280	53	59	86
Fraktionen:						
Unterhäuser (680 m)	44	47	58	7	11	11
Hinterberg (915 m)	64	67	65	12	13	14
Inneröfen (1170 m)	83	77	79	16	17	15

Quelle: Ortsverzeichnis von Österreich 1961, Ortsverzeichnis von Tirol 1971, 1981

Von den 31 in die Untersuchung einbezogenen Bauernhäusern werden 13 schon seit längerer Zeit von keiner Bauernfamilie mehr bewohnt. Auf einigen leben alleinstehende alte Menschen, die nur mehr einen Teil der anfallenden Arbeiten erledigen können. Mehrfach wurde als Grund dafür angegeben, daß die Betriebsbesitzer vor der Hoferschließung keine Frau fanden, die bereit gewesen wäre, einen unerschlossenen Hof zu bewirtschaften. Einige Höfe wiederum sind überhaupt nicht mehr ständig bewohnt, wobei die landwirtschaftlichen Flächen von anderen Betrieben mitbewirtschaftet werden, das Gebäude selbst wird an ausländische Feriengäste vermietet.

Es hat sich gezeigt, daß der primäre Wirtschaftssektor, der bis Ende der sechziger Jahre das Erwerbsleben dominierte, bis heute immer mehr an Bedeutung verloren hat. Grundsätzlich handelt es sich bei diesem „Bauernsterben" um eine Entwicklung, die im gesamten Alpenraum – vielfach in einem noch viel stärkerem Ausmaß als hier – zu beobachten ist. Wenngleich auch hier die Zahl der Rindehalter gesunken ist, hat ein großer Teil der verbliebenen Betriebe ihre Bewirtschaftung intensiviert. Im Gegensatz zu vielen Gemeinden in Tirol beträgt am Gattererberg der Anteil der Vollerwerbsbetriebe 60 %. Die durchschnittliche Rinderzahl wurde, wie im gesamten Zillertal, wo landesweit die höchsten Zuwächse festzustellen sind, in den letzten Jahren erhöht, ebenso konnten die Erträge aus der Milchproduktion gesteigert werden. Dies geht daraus hervor, daß 15 von 19 erschlossenen Betrieben angaben, die Milchproduktion seit der Höfeerschließung erhöht zu haben. Einen Einfluß dabei hat auch der Zukauf von Kraftfutter und Heu, was ohne Straßenverbindung zum Hof nicht möglich wäre. Der Straßenanschluß hat auch dazu geführt, daß viele Heustadel nicht mehr in Verwendung sind und nunmehr die Lagerung des Heus zentral im Wirtschaftsgebäude erfolgt. Das Heu wird, sofern genügend Platz in der Scheune ist, gleich nach der Ernte zum Hof gebracht, ansonsten zu einem späteren Zeitpunkt mit dem Ladewagen von den Heustadeln geholt. Der oft gefährliche und mühsame Heutransport, der zumeist im Winter und mit Schlitten erfogte, gehört der Vergangenheit an. Im Landschaftsbild wie auch bei einer genaueren Analyse der Bodennutzung ist in diesem Gebiet von einem Brachfallen der bisher bewirtschafteten Flächen kaum etwas zu erkennen. Einzig im übersteilen Gelände, auf abgelegenen Asten oder Bergmähdern werden die Wiesen, wenn sie nicht mehr maschinell zu bearbeiten sind, nicht mehr gemäht. Große Skepsis wird von den Bergbauern, die hier überwiegend von der Milchviehhaltung leben, dem Beitritt zur Europäischen Union entgegengebracht. Durch die Senkung des Milch- und Viehpreises wird befürchtet, daß die Einkommen sinken werden und in Folge etliche Vollerwerbsbetriebe auf Nebenerwerb umstellen müssen.

Die Gemeinde Stummerberg, zu welcher der Gemeindeteil Gattererberg gehört, hatte im Dezennium 1971 bis 1981, also in einer Zeit, in der fast alle Höfe erschlossen waren, einen

Bevölkerungszuwachs von 7 % (Geburtenbilanz +13,2 %, Wanderbilanz – 6,2 %) zu verzeichnen. Im Jahrzehnt zuvor, als noch rund 40 % der Höfe unerschlossen waren, betrug der Bevölkerungszuwachs nur 1 % (Geburtenbilanz +15,9 %, Wanderbilanz – 15,0 %). Die starke Reduktion der negativen Wanderbilanz in den letzten Jahren muß in direktem Zusammenhang mit der, nunmehr fast vollständigen Erschließung des Stummer- und Gattererberges gesehen werden, zumal sich die negative Wanderbilanz der Jahrzehnte vorher im Zeitraum von 1981 bis 1991 nocheinmal um 2 % verringert hat. Zwar ist auch die Geburtenbilanz heute nicht mehr so hoch wie früher, was allerdings auch als Indiz dafür angesehen werden kann, daß einerseits der Anteil der nichtbäuerlichen Bevölkerung gestiegen ist – sichtbar an dem höheren Anteil nichtlandwirtschaftlicher Gebäude – und andererseits der Trend zu weniger kinderreichen Familien auch im Bergbauerngebiet verstärkt zu beobachten ist.

Die im Vergleich mit früher nunmehr günstigere Bevölkerungsentwicklung wirkte sich sehr deutlich auf die Zahl der Volksschüler aus, welche die Volksschule Gattererberg besuchen. So

Bild 19: Gattererberg, Gemeinde Stummerberg im Zillertal. Zum größten Teil in den Jahren 1960 bis 1965 erschlossen.

stieg die Schülerzahl, die vor einigen Jahren noch 7 betrug, auf 16 (1989/90) an, was sicher mit der vermehrten Bautätigkeit junger Familien in den letzten Jahre zusammenhängt.

Vom allgemeinen Aufschwung des Fremdenverkehrs hat auch der Gattererberg profitiert. Etliche Bauern können aus der Verpachtung von nicht mehr benutzten Asten, Stadeln und Bauernhäusern oft recht bedeutende Nebeneinnahmen erzielen. Gattererberg und Stummerberg gehören zu jenen Gemeinden des Zillertales mit einer überdurchschnittlich hohen Zahl an Zweitwohnsitzen. Bei der Zählung 1990 wurden bei einer Einwohnerzahl von 796 Personen 266 Gebäude mit Wohnungen erhoben, 93 davon (35 %) sind Wohngebäude mit Ferienwohnungen. Bei einer früher durchgeführten Erhebung des Geographischen Instituts wurde festgestellt, daß der überwiegende Teil der Asten und Almen ohne Genehmigung seitens der Gemeinde oder des Landes ausgebaut wurde und vermietet wird. Daß die Bauern aus der Vermietung nicht nur Vorteile ziehen, geht aus folgender Schilderung hervor: Der Besitzer einer Aste beklagt sich, daß die Mieter mit ihren Geländefahrzeugen 200 m durch die Wiese fahren, um ihre Getränke und Lebensmittel, die sie aus Deutschland mitgebracht haben, nicht so weit tragen zu müssen. Auf weitere Nachteile, die der Fremdenverkehr im neu erschlossenen Berggebiet gebracht hat, soll im Abschnitt 5.9 näher eingegangen werden.

5.7 Der bildungsgeographische Aspekt

5.7.1 Das Ausbildungsniveau der am Hof aufgewachsenen Personen

Die Siedlungen in hochgelegenen Berggebieten sind in der Regel in sozialen, kulturellen und wirtschaftlichen Bereichen gegenüber den Talräumen im Rückstand, wobei die Hauptgründe für diese Entwicklungsunterschiede sicherlich in der unterentwickelten Infrastruktur und in den geringeren Kontakt-, Kommunikations- und Informationsmöglichkeiten liegen. Dennoch ist nicht zu übersehen, daß sich das Ausbildungsniveau der auf den „untersuchten" Betrieben aufgewachsenen Personen in den letzten Jahrzehnten sehr verbessert hat. Im Zuge der Erhebungsarbeit konnte das Ausbildungsniveau von 2078 Personen über 15 Jahren, darunter 787 Betriebsführer und deren Ehepartner, ermittelt werden (vgl. Abb. 31). Die dabei erhaltenen Daten stimmen sehr gut mit den Ergebnissen überein, die *Aistleitner* (1986, 244) bei Befragungen von Nebenerwerbslandwirten im Mühlviertel erzielt hat. Geringfügig höhere Werte wurden bei der in Tirol durchgeführten Erhebung nur in den Sparten Landwirtschaftsschule (aufgrund des höheren Anteils an Vollerwerbsbetrieben), Maturaabschluß und Universität erreicht.

Jene Personen, deren Ausbildungszeit (schulisch oder beruflich) vor dem Zeitpunkt der Erschließung lag, haben ein deutlich schlechteres Bildungsniveau als jene, die bereits eine Straßenverbindung zum Hof benützten, als sie die Pflichtschule abgeschlossen hatten. 57 % der Bewohner, die vor dem Pflichtschulabschluß auf einem unerschlossenen Hof wohnten bzw. jener die noch heute auf einem solchen wohnen, gaben den Pflichtschulabschluß als höchste Ausbildung an, aus den bereits damals erschlossenen Höfen waren es 42 %. Bei den erschlossenen nichtlandwirtschaftlichen Gebäuden im Bergbauerngebiet waren es 38 %.

Auf den Bergbauernhöfen in den Bezirken Kitzbühel und Lienz liegt der Anteil der Bewohner mit Maturaabschluß über jenem der anderen Bezirke, besonders über jenem von Westtirol. Die Problemregion Osttirol verliert aber durch Abwanderung aufstiegswilliger Bevölkerungsschichten ständig einen Teil der besser ausgebildeten Jugend an die weniger peripher gelegenen Gunsträume. Damit wird, auch bei einer erhöhten Bildungsbeteiligung, in den entwicklungsschwachen Regionen der Anteil der Bevölkerung mit besserer Schulbildung hinter den bevorzugten Landesteilen zurückbleiben. Beim Vergleich des Ausbildungsniveaus – gemessen am Maturaabschluß – ist eine deutliche Benachteiligung der Bevölkerung der unerschlossenen Höfe festzustellen. Von 123 in die Auswertung miteinbezogenen Personen konnten von unerschlossenen Höfen nur 3 % einen Maturaabschluß nachweisen. Auf den Höfen, wo die Bewohner erst nach der Erschließung das 15. Lebensjahr erreicht haben, war dies bei 56 (7,3 %) von 764 Befragten der Fall, 14 davon (1,8 %) haben eine Hochschule absolviert. Dem entspricht das Ergebnis einer Untersuchung von *Höfle* (1982), der die Ausbildung von Kindern aus unerschlossenen Höfen analysiert hat und bei der sich die Tendenz zu einer schlechteren Schulbildung dieser Kinder zeigte. „Die Familien unerschlossener Höfe leiden – wie dies im Besonderen der niveauniedrige Schulbesuch ihrer Kinder andeutet – an der essentiellen Schwierigkeit, daß die für sie notwendigen Informations- und Kommunikationsmöglichkeiten nur mit Mühe gegeben sind" (*Höfle* 1982, 309).

Die Ausbildungsverhältnisse bei den Eltern liegen – wie erwartet – deutlich unter jenen ihrer Kinder. Drei Viertel aller Befragten aus erschlossenen Höfen hatten den Pflichtschulabschluß als ihr höchstes Ausbildungsniveau angegeben, von den unerschlossene Höfen waren es sogar 80 %. Im Gegensatz zu früher legen die Eltern der heute ins Berufsleben eintretenden jungen Menschen viel mehr Wert auf eine gute schulische und berufliche Ausbildung. Dies ist auch aus

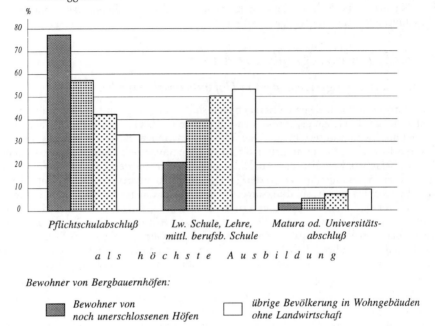

Abb. 31: Das Ausbildungsniveau der Bevölkerung im ehemals und heute noch unerschlossenen Berggebiet

Quelle: Eigene Erhebung, eigener Entwurf

dem im Vergleich zu früher bedeutend höheren Anteil von Personen mit einem Lehrabschluss zu ersehen.

Die verbesserte Verkehrserschließung hat somit ohne Zweifel zur Anhebung des Ausbildungsniveaus der Bevölkerung im bergbäuerlichen Siedlungsraum geführt, ohne jedoch den gesellschaftlichen und wirtschaftlichen Entwicklungsrückstand zu den Talgebieten – abgesehen von einigen wenigen Fremdenverkehrsgebieten – aufgeholt zu haben.

5.7.2 Der Schulweg – früher und heute

Die Zeit, in der die Schulkinder nach ein- bis zweistündigem Fußmarsch durch den knietiefen Schnee endlich den elterlichen Hof erreicht haben, ist vorbei. Die Errichtung von Straßen zu den Bergbauernhöfen hat die Schulwegbedingungen grundlegend verändert, die Anfang der siebziger Jahre eingeführte „Schülerfreifahrt" hat den Trend zum Besuch einer Hauptschule oder einer mittleren Schule noch weiter verstärkt. Durch den täglichen Transport mit Schulbussen ins Tal haben viel mehr Schüler nun die Möglichkeit, täglich nach Hause zurückkehren zu können. Da dies früher wegen der fehlenden Straßenverbindung nicht möglich war, entschlossen sich viele Eltern entweder überhaupt nicht für einen Besuch einer allgemein- oder berufsbildenden höheren Schule ihres Kindes oder sie schickten es, was selten vorkam, in ein Internat. Letzteres führte in vielen Fällen zu einem Verlust der Bindung an den Wohnort, und nach dem Abschluß der schulischen Ausbildung fiel ein Abwandern leichter.

Die große Bedeutung der Straße für den Schülertransport ist daraus abzulesen, daß 60 % der Volksschüler und 90 % der Hauptschüler, die im Berggebiet wohnen, einen Schulbus benützen. Schüler aus unerschlossenen Höfen verwenden zwar im selben Ausmaß ein Transportmittel, haben allerdings den Nachteil, die Haltestelle erst nach einem längerem Fußmarsch zu erreichen. Seit dem Straßenbau und der dadurch möglich gewordenen Benutzung des Schulbusses hat sich der Zeitaufwand für den Schulweg in den meisten Fällen bedeutend verringert.

Wie aus Gesprächen mit der betroffenen Bevölkerung zu entnehmen war, wird der Schülertransport grundsätzlich positiv bewertet, immer wieder sind auch kritische Bemerkungen angeklungen. Einige „Zwergschulen" (ein- oder zweiklassige Volksschulen) wurden deshalb aufgelassen, weil neben dem Argument sinkender Schülerzahlen nunmehr die neue Straße die Möglichkeit bot, die Kinder in die Volksschule ins Tal zu bringen. Um die Identität des Kindes zu erhalten und die Unpersönlichkeit einer großen Schule auszuschalten, führen einige Eltern kritisch an, daß es ihnen lieber wäre, ihr Kind könnte weiterhin die Schule „am Berg" besuchen und müßte nicht ins Tal fahren. Mit welchen Nachteilen die Auflassung der kleinen Schulen verbunden sein kann, zeigt auch folgendes Beispiel: Es bedeutet für die 10 bis 14jährigen Hauptschüler vom Versellerberg in Außervillgraten eine große Belastung, wenn sie um 6.15 Uhr, im Winter manchmal noch früher, den Hof verlassen müssen, um den Schulbus, der sie in die Hauptschule Sillian bringt, zu erreichen. Nach dem Vormittagsunterricht kommen sie erst um 15 Uhr nach Hause. Früher, als es die Volksschuloberstufe noch gab, waren die zurückzulegenden Fahrstrecken bei weitem nicht so lang, ob auch der Zeitaufwand kleiner war, muß in etlichen Fällen wohl bezweifelt werden.

Ein weiterer Nachteil, auf den Eltern vereinzelt hingewiesen haben, sei hier erwähnt: Durch das Auflassen vieler „Zwergschulen" wurden bereits sechsjährige Schulkinder zu Pendlern. Da der Unterricht in den einzelnen Schulstufen zu verschiedenen Zeiten endet, der Schulbus in der Regel jedoch nur einmal fährt, müssen die Schüler der Volksschule entweder ein oder zwei Stunden warten oder zu Fuß den langen Heimweg antreten, was nur selten geschieht. Es ist nicht verwunderlich, wenn 20 % der Tiroler Hauptschuldirektoren angeben, mit dem Netz des Schülertransportes ihn ihrem Sprengelgebiet nicht zufrieden zu sein (vgl. Höfle 1982, 324).

5.8 Verbesserungen im medizinischen, sozialen und gesellschaftlichen Bereich

Die Schaffung einer Straßenverbindung vom Tal zum Bergbauernhof bringt Verbesserungen im Sozialbereich und erleichtert die Teilnahme am gesellschaftlichen, kulturellen und politischen Leben sehr. In vielen Gesprächen mit der bergbäuerlichen Bevölkerung wurde die Zeit geschildert, zu der noch keine Fahrstraße bestanden hat. Dabei wurde fast immer das Problem der raschen ärztlichen Versorgung, sei es nach Unfällen, bei Krankheiten oder Geburten, erwähnt. So erzählte eine alte Bergbäuerin aus Kappl i. Paznauntal eindrucksvoll über die Geburten ihrer 13 Kinder, 12 davon wurden als Hausgeburten am Hof zur Welt gebracht. Daß hierbei das Risiko ungleich höher war als bei Geburten im Krankenhaus, ist durch die erhöhte Säuglingssterblichkeit belegt. Lange Zeit war der allgemeine Gesundheitszustand der bergbäuerlichen Bevölkerung deutlich schlechter als jener der Stadtbevölkerung, was neben dem Gesundheitsbewußtsein auch auf die Verkehrsentlegenheit bzw. Unerschlossenheit vieler Höfe zurückzuführen sein dürfte. Heute ist es undenkbar, daß im Winter ein schwerkranker Mensch mit einer Trage eine Stunde zur nächsten Straße gebracht werden muß, um schließlich mit der Rettung ins Krankenhaus zu gelangen. Jeder Arztbesuch würde ohne einen Straßenanschluß zu einer komplizierten Angelegenheit werden. Zur Betreuung von älteren und pflegebedürftigen Menschen sind in den letzten Jahren Sozialsprengel eingerichtet worden. Dabei fahren Krankenschwestern mit dem Auto zu den Patienten, um sie in ihrer vertrauten Umgebung zu versorgen – ein Aufenthalt im Krankenhaus ist nicht notwendig – und die Angehörigen bei der Betreuung zu entlasten.

Für viele Menschen ist es wichtig, mit ihrer Umgebung rasch in Kontakt zu kommen. Gerade junge Menschen, die fast alle ein Auto besitzen, würden sich isoliert und von der Außenwelt abgeschnitten fühlen, wenn ein Fußweg die einzige Verbindung ins Tal wäre. Die Hälfte der Befragten aus erschlossenen Höfen ist der Meinung, daß der Straßenanschluß mit ein Grund ist, mehr am Dorfleben teilzunehmen. Überraschenderweise gaben nur 14 % aus unerschlossenen Höfen an, daß ein neuer bzw. bei relativ unerschlossenen Höfen besserer Straßenanschluß eine häufigere Teilnahme am Dorfleben bewirken würde. Der Grund liegt darin, daß viele dieser Höfe doch mit dem PKW erreichbar sind oder der zurückzulegende Fußweg nicht allzu lang ist.

Die Entscheidung, ob ein Fortbildungskurs im Dorf besucht werden soll oder nicht, wird eher positiv ausfallen, wenn dieser ohne viel Aufwand erreichbar ist. Die Vereine im Dorf sind auf die Teilnahme und die Mitarbeit vieler Bewohner angewiesen; durch die guten Straßenverbindungen ist dies leichter möglich, und die Sozialkontakte der Dorfbewohner untereinander werden intensiviert. Die vielen Bewohnern von Einschichthöfen nachgesagte Kontaktarmut kann damit abgebaut werden.

5.9 *Negative Auswirkungen des Straßenbaues im Bergsiedlungsraum*

Bisher wurden die vielfältigen positiven Auswirkungen, welche die Verkehrserschließung des Bergsiedlungsraumes mit sich gebracht hat, dargestellt. Dementsprechend äußerten sich auch 96,2 % der Bewohner von neu erschlossenen Bergbauernhöfen, die angaben, daß sich ihre Lebenssituation seit dem Straßenbau verbessert hat. Bei der Auseinandersetzung mit dem Thema „Auswirkungen der Höfeerschließung" muß neben dem vielen Positiven auch auf mögliche negative Folgen eingegangen werden. Dort, wo sich Fehlentwicklungen eingestellt haben, gilt es, diese aufzuzeigen.

Das Bevölkerungs- und Wirtschaftswachstum sowie die Zunahme der Mobilität infolge der rasch ansteigenden Motorisierung führten zu einem starken Ansteigen der Siedlungstätigkeit, die im Berggebiet ein vermehrtes Bauen von Einfamilienhäusern mit nicht landwirtschaftlicher Nutzung zur Folge hatte. Der lange Zeit unkontrollierte Bodenmarkt, der teilweise ungehemmt ablaufende Baulandverkauf zur Lösung finanzieller Probleme von landwirtschaftlichen Betrieben und der Baulandbedarf der vom elterlichen Hof weichenden Bauernkinder führten zu einer gesteigerten Bautätigkeit, in deren Folge es im Berggebiet zu einer starken Zersiedelung kam. Ihr Ausmaß ist in den einzelnen Untersuchungsgemeinden sehr unterschiedlich. Um die Bevölkerungszahl im entsiedlungsgefährdeten Raum möglichst zu erhalten, wurde in manchen Gemeinden sehr großzügig für jedes neugeplante Haus ohne Einschränkung die Baugenehmigung erteilt. In anderen Gemeinden (z. B. Navis) wurde von der Gemeinde in positiver Weise regulierend eingegriffen. Sie kaufte ein nicht mehr bewirtschaftetes landwirtschaftliches Anwesen mit dazugehörigem großem Grundstück und teilte es in über 20 Bauparzellen auf. Diese wurden dann voll erschlossen und an ortsansässige Interessenten verkauft.
Es ist notwendig, die bisher allzu großzügig gewährten Baugenehmigungen einem raumordnungspolitischen Problembewußtsein unterzuordnen. Zusätzliche Baulandwidmungen sollten nur im Anschluß an bestehendes voll erschlossenes Bauland erfolgen. Durch die Mitgliedschaft Österreichs bei der Europäischen Union ergeben sich neue Aspekte, da in der EU der freie Grundverkauf an Ausländer unter bestimmten Voraussetzungen möglich ist. Besonders in den Fremdenverkehrsgebieten Tirols wäre ohne entsprechende Begleitgesetze die Gefahr eines Ausverkaufs der Landschaft besonders groß.

Noch viel zu wenig miteinbezogen wurde bei der Errichtung von Neubauten die Berücksichtigung der ortstypischen Bausubstanz und der regionalen Eigenheiten. Es wäre wünschenswert, viel mehr auf die Beibehaltung natürlicher Baustoffe, vorhandene Gebäudegliederungen, Dachformen und bestehende Außengestaltungen zu achten.

Bild 20: Zersiedeltes Berggebiet in Kappl i. Paznauntal als negative Auswirkung einer ungeregelten Bautätigkeit im Anschluß an den Straßenneubau

Die unkontrollierte Bautätigkeit bringt für die Gemeinden hohe Belastungen im Bereich der infrastrukturellen Einrichtungen wie Elektrizitäts- und Wasserversorgung, Abwasser- und Müllbeseitigung mit sich. Aus dem Zillertal ist bekannt, daß die Abfallbeseitigung der vielen Wochenendhäuser, die in der Mehrzahl im letzten Abschnitt der Hoferschließungswege oder darüber liegen, noch ungeregelt ist. Auswirkungen des starken Tourismuszustroms und des Autoverkehrs auf die Trinkwasserqualität von darunterliegenden Quellen sind bisher nur in seltenen Fällen untersucht worden, sollten aber in Zukunft mehr Beachtung finden.

In Fremdenverkehrsgebieten kann es vorkommen, daß zwischen den Ortsfremden, die Zweitwohnsitze errichtet haben, und Ortsansässigen Spannungen entstehen, obwohl die Erhebung ergab, daß nur 5 % der Befragten das Gefühl haben, durch den Bau der Straße einer zunehmenden Überfremdung ausgesetzt zu sein. Als Beispiel sei die bereits an anderer Stelle angesprochene Rücksichtslosigkeit des Befahrens der Wiesen durch Ortsfremde erwähnt.

Die Erhaltung der Straße und die Schneeräumung, die zumeist die Gemeinden mit ihren Arbeitern selbst übernehmen, erfordern besonders im Streusiedlungsgebiet auch von den Anrainern einen finanziellen Beitrag. Am Sonnberg/Niederau in der Wildschönau muß z. B. ein Bergbauer für die Schneeräumung jährlich 2500 Schilling bezahlen.

Während die Talbewohner für die gut ausgebauten Straßen zu ihren Häusern nie etwas bezahlen mußten, war der Bau des Straßenanschlusses für die Bauern am Berg eine finanzielle Belastung, deren Höhe sich nach der Größe der „Vorteilsfläche" richtete. Betriebe, die eine große Fläche (unter Einbeziehung darüberliegender Almen und Waldflächen) bewirtschaften, müssen mehr zahlen als Kleinbetriebe, Alpengasthäuser mit einer großen Bettenanzahl mehr als Einfamilienhäuser. In den Anfangszeiten des Güterwegebaues nach dem Zweiten Weltkrieg war es üblich, anstelle des finanziellen Beitrags Arbeitsschichten zu leisten. In den letzten Jahren mußte ein Bergbauer für die Errichtung einer Straße zu seinem Hof fallweise Beträge zwischen 100.000 und

200.000 Schilling aufbringen. Die finanzielle Belastung, die der Straßenbau zur Hoferschließung mit sich gebracht hat, wurde von 8,7 % als sehr stark angesehen. Speziell in den Bezirken mit hohem Streusiedlungsanteil und dort, wo Betriebe auf einer schwachen finanziellen Basis stehen, war der Prozentsatz bedeutend höher. In den westlichen Bezirken Tirols wurde von 40 % der Befragten bemerkt, daß die finanzielle Belastung kaum spürbar war, der landesweite Durchschnitt lag bei 20 %. Oft konnten die Bergbauern die finanziellen Aufwendungen nur durch einen vermehrten Holzverkauf erbringen, seltener wurden Vieh oder Baugründe verkauft.

Durch den Bau von Straßen wird der Bergsiedlungsraum stärker als früher von Touristen aufgesucht. „Durch den Fremdenverkehr, der hauptsächlich die städtische Bevölkerung in den ländlichen Raum führt, erfolgt ein Zusammenstoß zweier unterschiedlicher Lebensauffassungen, wenn sich auch die Landbevölkerung den vielfältigen Einflüssen der Konsumgesellschaft – durch Stadtbesuche, außerlandwirtschaftlichen Nebenerwerb oder die Massenmedien – nie ganz entziehen konnte" (*Schönherr* 1989, 115).

Der Fremdenverkehr bringt neben den vielen Vorteilen für die Bauern auch Belastungen mit sich, die 10 % der Befragten als im weitesten Sinn negative Auswirkung des Straßenbaues ansehen. So entstanden in einer Zillertaler Gemeinde Meinungsverschiedenheiten zwischen dem Wirt eines Berggasthofes und den Bauern darüber, ob nun die bestehende Staße an die Zillertaler Höhenstraße angeschlossen werden soll oder nicht. Auf jenen Erschließungswegen, die stark vom Ausflugtourismus frequentiert werden, ergeben sich für die Anrainer, deren Haus nur wenige Meter von der Straße entfernt liegt, oft unangenehme Beeinträchtigungen durch Lärm und Autoabgase. Die Kinder sind durch den Staßenverkehr heute nicht nur im Tal, sondern auch auf den Bergbauernhöfen gefährdet. Mehrfach wurde darüber geklagt, daß durch rücksichtsloses Parken Ausfahrten verstellt, oder die Zäune und Felder in Mitleidenschaft gezogen wurden. In jenen Gebieten, in denen die Straße auch die Funktion der Erschließung eines Alm- oder Wandergebietes innehat, treten in der Hauptsaison an den Stoßzeiten für die Anrainer unzumutbare Belastungen auf. „Karawanen" von motorisierten Ausflüglern bewegen sich auf den nicht für das starke Verkehrsaufkommen gebauten Straßen bergwärts, um ihr Ziel zu erreichen. Als Beispiel sei hier die Auffahrt zur Zillertaler Höhenstraße genannt, wo der Verfasser im Herbst 1988 für die etwa 6 km lange Strecke von Hippach bis zu den höchstgelegenen Höfen im Sidangrund mit dem Auto 40 Minuten unterwegs war.

In den letzten Jahren wird das Grenzgebiet im Süden von einer Flut italienischer Pilzsammler überschwemmt, die zum Erreichen des Ausgangspunktes die Erschließungswege benützen. Verschiedendlich wurden im Osttiroler Pustertal von Bergbauern Klagen über das Überhandnehmen des Pilzesuchens geäußert. Mittlerweile wird mit Hilfe eines Landesgesetzes versucht, sich durch die Limitierung der Pflückmenge und durch eine zeitliche Einschränkung auf jeden zweiten Tag zu schützen.

Die Errichtung einer Straße im Berggebiet bedeutet selbst bei landschaftsschonender Bauausführung, die jedoch nicht immer praktiziert wird oder werden kann, einen schwerwiegenden Eingriff in den Naturhaushalt (*Alge* 1985, 245f). Nahezu die wichtigste ökologische Auswirkung ist die Entstabilisierung der Hänge durch

- unzulässige Veränderung der Hangmorphologie,
- Veränderung des Hangwasserhaushaltes bei teilweiser Versiegelung des Hanges,
- die vielfach unterschätzte Wirkung des schädlichen Ionenaustausches in schluffigen und tonigen Böden (vgl. *Aulitzky* 1981, 3 – 12).

Bergstraßen können das Landschaftsbild tiefgreifend verändern, wobei die subjektive Empfindung ausschlaggebend ist, inwieweit die Straße als Beeinträchtigung gesehen wird oder nicht. Der Flächenverbrauch einer Straße im Berggebiet ist umso größer, je steiler das Gelände ist. Der tatsächliche Flächenbedarf der Wege im Trassenbereich ist bei Hangneigungen von 20° bis 30° mit 10 bis 12 m zu veranschlagen (*Grabherr* 1984, 44).

Bild 21: Hoher Flächenverbrauch durch den Erschließungsweg in Unterwalden, Gemeinde Außervillgraten

Nicht zuletzt aus diesem Grund sind zwischen den einzelnen Bauern manchmal Differenzen bei der Planung der Trassenführung entstanden. Zu einigen Höfen konnte daher bis heute noch keine zeitgemäße Zufahrt errichtet werden. Allerdings kam es unter der Planung der Landesregierung in den allermeisten Fällen zu einer einvernehmlichen Lösung, sodaß doch 377 von 391 Betriebsführern (96,4 %) angeben konnten, der Straßenbau habe keine Zwistigkeiten unter den Nachbarn ausgelöst. Die Zerteilung der Felder als Folge des Straßenbaues erschwert den Einsatz von landwirtschaftlichen Maschinen. An den steilen Straßenböschungen kann das Gras nur mehr händisch gemäht werden, was allerdings immer häufiger unterlassen wird.
Für Betriebe, die wegen der Steilheit der zu bewirtschaftenden Flächen nur bedingt landwirtschaftliche Maschinen verwenden können, bildet der Bodenseilzug auch heute noch eine Hilfe (beobachtet im Zillertal, in Osttirol und im Paznauntal). Wenn beim Einsatz dieses Gerätes das Seil die Straße quert, würde der Verkehr zeitlich eingeschränkt werden oder die Arbeit müßte bei jedem vorbeikommenden Fahrzeug unterbrochen werden. Auf Straßen mit stärkerem Verkehrsaufkommen oder wenn das Seil mehrfach die Straße quert, wird die Arbeit mit dem Bodenseilzug daher nahezu unmöglich.

Um das sichere Befahren der Straßen auch im Winter zu gewährleisten, wird bei eisiger Fahrbahn oder nach Neuschneefällen Splitt (Kies) gestreut. Im Laufe des Winters wird dieser mehrmals von den Räumfahrzeugen auf die angrenzende Wiese geschoben; der Bauer muß den Splitt im Frühjahr in mühevoller Arbeit beseitigen, um das Pflanzenwachstum nicht zu beeinträchtigen.

Durch die immer kleiner werdende Zahl der Vollerwerbsbauern und die größer werdene Zahl von Pendlern und Angehörigen der städtischen Freizeitgesellschaft haben sich auch die Normen und Werthaltungen der Bergbauern verändert. Die Befragung brachte daher einige Unterschiede in der Lebenseinstellung, Denkweise und Lebensart zwischen erschlossenen und unerschlossenen Höfen zutage. Die Frage, welche den Bewohnern der erschlossenen Höfe gestellt wurde, ob durch den Straßenbau das bescheidene Bauernleben verlorengehe, haben 12 % bejaht, bei den Befragten aus (relativ und absolut) unerschlossenen Höfen waren es 10 %.

Viele junge Menschen aus ehemals unerschlossenen Bergbauernhöfen besitzen heute ein Auto. Bezeichnend für die unterschiedlichen Werthaltungen der alten und jungen Generation ist der Ausspruch einer Bergbäuerin im Villgratental, die sich darüber beklagt, daß alle ihre vier Kinder ein Auto besitzen: „Jeder muß heute ein Auto haben, obwohl wir das Geld für den Hof viel notwendiger brauchen würden. Als wir noch jung waren, haben wir eine ganz andere Einstellung zum elterlichen Hof gehabt."

Durch die Möglichkeit, mit dem Auto rasch vom Hof ins Tal zu kommen, wurde von mancher Seite auf die Gefahr hingewiesen, daß die junge Generation nunmehr die Bindung zum Hof verlieren würde. Diese Bedenken können zerstreut werden. Im Gegenteil, überwiegend geben die Altbäuerinnen an, daß durch die errichtete Straße die Kinder, die noch ständig am Hof wohnen oder sich ein Einfamilienhaus bauten, das Gefühl haben, am Leben im Tal genauso teilzunehmen wie die dort Wohnenden; jene Kinder, die bereits vom Hof weggezogen sind, kommen häufiger zu Besuch als ohne Straßenanschluß.

Zu Beginn der Erschließungstätigkeit nach dem Zweiten Weltkrieg wurde von verschiedenen Seiten die Sorge geäußert, die Erschließung der Höfe könnte zu einer verstärkten Abwanderung aus dem Berggebiet führen. Diese negativen Auswirkungen sind im Rahmen der gesamten Erhebungstätigkeit nicht festgestellt worden, gerade das Gegenteil war der Fall. An dieser Stelle sei noch einmal auf die Fallstudie Gattererberg hingewiesen, wo seit der verstärkten Höfeerschließung die ehemals stark negative Wanderbilanz deutlich reduziert werden konnte. Auflassungen von landwirtschaftlichen Betrieben hat es mehr oder weniger häufig zu allen Zeiten gegeben, sie als Folge der erfolgten Erschließung zu sehen, ist sicher nicht richtig (vgl. *Kap*. 5.4).

Zusammenfassung

Seit dem Zweiten Weltkrieg ist es in der Tiroler Landwirtschaft zu tiefgreifenden Veränderungen gekommen, bei denen viele Betriebe ihre Rinderhaltung aufgegeben, andere die Erwerbsart geändert haben. Während in den Tallagen die Abwanderung aus der Landwirtschaft weniger bedenklich erscheint, führt das Auflassen bewirtschafteter Flächen im Berggebiet zu einer mitunter gefährlichen Entwicklung.

Heute sind mehr als zwei Drittel aller landwirtschaftlichen Betriebe auf ein Einkommen aus dem nichtlandwirtschaftlichen Bereich angewiesen; die Pendelwanderung ist auch im Bergsiedlungsraum immer öfter anzutreffen. Die zunehmende Motorisierung in den letzten 30 Jahren hat dazu ebenso beigetragen wie der Umstand, daß die Arbeits- und Bewirtschaftungsweise in der Berglandwirtschaft großen strukturelle Veränderungen unterworfen war. Durch das starke Aufkommen des Fremdenverkehrs, wodurch in vielen ehemals rein agrarisch orientierten Berggemeinden Arbeitsplätze geschaffen wurden, ermöglichte auch den Bergbauern ihr Einkommen zu erhöhen. Die gute Erreichbarkeit des Hofes mit einem Auto ist die notwendige Voraussetzung, um für die Bergbauern jene Ausgangssituation zu schaffen, die für die Talbewohner längst zur Selbstverständlichkeit geworden ist.

In bescheidenen Ansätzen wurde bereits in der Zwischenkriegszeit mit dem Bau sogenannter „Güterwege", wie die Erschließungswege damals genannt wurden, begonnen, das Berggebiet besser zugänglich zu machen. In erster Linie versuchte man, größere Siedlungen, die noch keinen Straßenanschluß besaßen, mit einem solchen zu versehen. Rund 9000 Bergbauernhöfe in Tirol hatten damals keinen Zufahrtsweg. Nach dem Zweiten Weltkrieg konnte aufgrund der schlechten Wirtschaftslage nur zögernd mit der Erschließungstätigkeit begonnen werden; so hat man vor allem in den ersten 15 Jahren den Bau von Materialseilbahnen forciert.

Vor 1960 lag der Schwerpunkt der Erschließung in erster Linie im Westen des Landes und in Osttirol, nach 1960 erhielten auch im Streusiedlungsgebiet der Bezirke Kufstein und Kitzbühel sehr viele Höfe eine Straßenverbindung. Einen Höhepunkt bildeten die Jahre zwischen 1960 und 1970, in denen jährlich bis zu 388 Bergbauernhöfe neu erschlossen wurden. Siedlungsstruktur, Höhenlage und die wirtschaftliche Situation des Hofes gaben den Ausschlag für den Zeitpunkt des vollwertigen Anschlusses an das öffentliche Straßennetz.

Insgesamt wurden bis heute im Bezirk Lienz die meisten (1339), im Bezirk Reutte (131) die wenigsten Höfen erschlossen. Dem entspricht, daß in Osttirol im Jahr 1957 48 % der rinderhaltenden Betriebe unerschlossen waren, im Bezirk Reutte hingegen nur 18 %. In ganz Tirol wurden seit dem Zweiten Weltkrieg 6900 Höfe „offiziell" neu an das öffentliche Straßennetz angeschlossen.

Um die Auswirkungen der Höfeerschließung festzustellen, wurden in 30 Tiroler Gemeinden auf 550 ehemals unerschlossenen Bergbauernhöfen bzw. neuerrichteten nichtlandwirtschaftlichen Gebäuden Befragungen durchgeführt.

Die Erhebungen ergeben, daß durch die Einbindung des ehemals unerschlossenen Bergsiedlungsraumes in das öffentliche Straßennetz im überwiegenden Ausmaß positive Effekte erzielt wurden. Sie betreffen:

- die dadurch erleichterte tägliche Rückkehr bei einer außerlandwirtschaftlichen Berufstätigkeit, was sich auf die Bewirtschaftung des Hofes günstig auswirkt;
- die moderne Maschinenausstattung des Hofes – vor allem mit Traktor und Schlepper – welche eine Fahrstraße zur Voraussetzung hat;
- die Weiterführung des Hofes durch die nachfolgende Generation, wozu diese zu einem großen Teil ohne Straßenanschluß nicht bereit wäre;
- die Verbesserung der Wohn- und Betriebsverhältnisse durch Hofneu- oder Umbauten, die nach dem Ausbau des Straßennetzes verstärkt einsetzte;

- die starke Zunahme der nichtlandwirtschaftlichen Gebäude. So hat sich vor allem die Zahl der Häuser im neu erschlossenen Siedlungsraum von 1961 bis 1991 um etwa 60 % erhöht. In den heute noch unerschlossenen Fraktionen bzw. Höfen dagegen kam es zu einer Abnahme sowohl der Häuserzahl als auch der Wohnbevölkerung;

- die Möglichkeiten, ein Nebeneinkommen aus der Vermietung von Fremdenzimmern und Ferienwohnungen zu erzielen, was derzeit tirolweit fast 40 %, im Bezirk Kitzbühel sogar 57 % der neu erschlossenen Höfe praktizieren, während es bei den unerschlossenen Höfen nur 22 % sind;

- die Anhebung des Ausbildungsniveaus der Bevölkerung durch den nun erleichterten Besuch einer weiterführenden Schule oder der beruflichen Ausbildung;

- die Verbesserung der medizinischen Versorgung und der sozialen Kontakte, was dazu beitrug, den Menschen das Gefühl zu nehmen, in einer in jeder Hinsicht benachteiligten Peripherie leben zu müssen.

Neben den vielen positiven Auswirkungen der Erschließung des bergbäuerlichen Siedlungsraumes sind auch die möglichen negativen nicht zu übersehen. Durch den, lange Zeit freien Bodenmarkt und den ungehemmten Baulandverkauf ist es in manchen Gebieten zu einer starken Zersiedelung und zu einer Beeinträchtigung des Landschaftsbildes gekommen. Einzelne Gemeinden mußten dadurch hohe Aufwendungen für die Ver- und Entsorgung auf sich nehmen. In Gebieten mit regem Ausflugstourismus sind die Straßen in das Berggebiet oft stark überlastet, wodurch die Lebensqualität beeinträchtigt wird. Mancherorts führte der Straßenbau zu erheblichen Flächenverlusten und zu bedenklichen Eingriffen, welche die Gefahr von Hangrutschungen erhöhten.

Letztendlich muß die Erschließung des Bergsiedlungsraumes als eine unbedingt notwendige Maßnahme angesehen werden. Aus vielen Gesprächen ist hervorgegangen, daß gerade die junge Generation, welche ihre Zukunft gestalten soll, nicht bereit ist, ohne vollwertigen Straßenanschluß weiter im ohnehin durch Erschwernisse belasteten Berggebiet auszuharren.

Summary

In Tirol in the last thirty years, many farms have changed their type of farming or given up keeping cattle entirely. To ensure the continuation of farming and its communities in the future, it is essential to plan and build access roads.

Since the end of the Second World War 6.883 new access roads have been added to the public road network in Tirol. Initially the main problem lay in the west part of the province and in East Tirol. After 1960, many new access roads were built in the North East, making many scattered farms accessible. The main period of development took place between 1960 and 1970 whereby up to 388 mountain farms were linked up to the public road system annually. Various factors affected the priority given to a farm; the stucture of the small holding community, altitude and its economic situation.

To study the effects of the road building plan a survey was carried out in 30 Tyrolean communities of 550 new buildings and mountain farms which had been previously inaccessible. The study showed that the effects had been largely positive. Housing and economic conditions on these farms improved and subsiduary earnings for the farmers made much easier. The most important and visible effect was the large increase in non-agricultural buildings which in turn were largely resposible for the growth in population. After the roads had been built, many farms began to rent rooms, holiday flats or do bed and breakfast. The level of education among the population was improved and the feeling of isolation diminished. The study also reveraled certain negative effects; frequent uncontrolled selling of building plots, increase in the volume of traffic through day outings and the deterioration of the slope morphology.

Anmerkungen

1. Bei der Erstellung des neuen Tiroler Landwirtschaftskatasters in den Jahren 1978 bis 1982 wurde jeder einzelne landwirtschaftliche Betrieb erhoben und bewertet, sodaß 35 für die Bewirtschaftung wichtige Daten für eine möglichst genaue Einstufung in ein Punktesystem herangezogen werden konnten.
2. Für die Beurteilung der Bearbeitungsmöglichkeiten auf den Grundstücken mit Maschinen oder von Hand werden nachstehende Neigungskategorien unterschieden:
   Kategorie 1 0 – 20 % voll traktorfähig
   Kategorie 2 20 – 40 % etwa der Einsatzbereich des Transporters
   Kategorie 3 40 – 60 % noch mit dem Motormäher zu bearbeiten
   Kategorie 4 über 60 % Handarbeitsbereich
3. Insgesamt nahm die Bevölkerung in diesem Zeitraum um 27,7 % zu. Die Wanderbilanz ist in Tirol von 1971 bis 1981 mit + 1,6 % schwach positiv, in Gemeinden, die auf 1000 bis 1200 m liegen, mit – 1,7 % leicht negativ und in Gemeinden über 1200 m mit – 5,0 % deutlich negativ.
4. Die technische Betreuung der mit Güterwegemitteln geförderten Wegbauten ging im Jahr 1934 aus den Händen des Landesbauamtes auf dieses neue Amt über.
5. Auszug aus dem LAWIKAT: Die Kennzahl für die Erschließung ergibt sich aus der Summe der für die Sommer- und Winterperiode getrennt anzusetzende Punktezahl. Zur feineren Abstimmung sind Interpolierungen zulässig. Der Erschließungsgrad wird, getrennt für Sommer und Winter, wie folgt berechnet:
   Punkte   Erschließungsgrad
   0   LKW ohne Behinderung und Beschränkung
   5   LKW leicht behindert oder beschränkt, auch zeitlich kurze Behinderung
   10   Allrad, LKW oder leichter LKW, größere, auch zeitliche Behinderung
   25   Traktor ohne Behinderung
   35   Traktor mit Behinderung, auch zeitliche
   40   Transporter
   45   Spezialfahrzeuge, Personenseilbahn
   50   Karrenweg, Materialseilbahn, keine Zufahrt für Motorfahrzeuge
6. Jährlich werden die entstandenen Kosten für die durchgeführten Erschließungsvorhaben zur finanziellen Abrechnung von der Landesregierung an den Bund übermittelt.
7. Derzeit wird beim Amt der Tiroler Landesregierung an einer Neuerstellung der entsiedlungsgefährdeten Betriebe gearbeitet.
8. Auf Basis der Bergbauernzonierung 1980 wurden für diese Untersuchung 102 Gemeinden mit extremer bis hoher Erschwernis sowie 119 Gemeinden mit geringer bis mittlerer Erschwernis herangezogen.
9. Für den Computerausdruck aus dem Landwirtschaftskataster sei an dieser Stelle R. Zust von der EDV-Abteilung beim Amt der Tiroler Landesregierung herzlich gedankt.
10. Bei den drei Seitentalgemeinden des oberen Lechtales (Kaisers, Gramais und Bschlabs) erschien es günstiger, die absolute Höhe des Mündungsbereiches dieser Nebentäler in das Haupttal als Bezugsbasis für die Festlegung der relativen Höhenlage heranzuziehen.
11. Nach freundlicher Auskunft des Altbürgermeisters, Bauer am Taxerhof.
12. Für Zellberg wurden im Jahr 1966 36 unerschlossene Höfe angegeben. In den nächsten Jahren wurden 2 Höfe zusätzlich als unerschlossen angesehen, was durch Rückrechnung 38 unerschlossene Höfe ergibt (83 %). Hieraus erklärt sich die Differenz zur Hausarbeit von *Mayr* (1973), der einen Anteil von 78,4 % feststellt.
13. Die taleinwärts gelegenen Höfe bei Schellenberg, wie die heute noch absolut unerschlossenen Landwirtschaftsbetriebe Korumanger und Ranglanger aus Asten hervorgegangen, wurden 1936 durch eine Lawine zerstört. Die jetzt dort stehenden Asten werden vorwiegend als Freizeitwohnsitze genutzt.
14. Unter Erreichbarkeitsgrad ist hier der Anteil der Bevölkerung zu verstehen, der innerhalb einer bestimmten Zeit zu einem Zentrum gelangen kann.
15. Die ersten Materialseilbahnen sollen schon 1897 im Villgratental anzutreffen gewesen sein (*Blaßnig* 1956, 78). Die Kriegsgeneration des Ersten Weltkrieges hatte an der Italienfront die Möglichkeiten und Vorteile der Seilaufzüge kennengelernt. Die Bauern des Tiroler Gailtales und des Villgratentales beschafften sich das benötigte Material von den Militäranlagen am Karnischen Hauptkamm.
16. In den Jahren nach 1960, als beim Güterwegebau viele Arbeitskräfte benötigt wurden, ergab sich für viele Bergbauern, besonders im Westtiroler Raum, die Möglichkeit des Nebenerwerbs. Ein beträchtlicher Teil der Wegebautrupps bei der Tiroler Landesregierung setzte sich aus Leuten zusammen, die im Zuge der Erschließung des eigenen Hofes Gefallen an dieser Nebenerwerbstätigkeit gefunden haben. Interessan-

terweise konnte hier, aber auch in anderen Berufsgruppen ein „Ansteckungseffekt" beobachtet werden. Mehrere Personen aus benachbarten Höfen arbeiten bei derselben Firma oder üben eine gleichartige Tätigkeit aus.

[17] Nach den Baubestimmungen wird in vielen Gemeinden der Bau eines Wohnhauses für Familienangehörige seitens der Behörde erlaubt, die Errichtung eines Hauses alleine für die Fremdenbeherbergung aber nicht. Nach der Errichtung eines „Altenteils" wird nicht selten dieses Haus dann doch an Fremde vermietet.

[18] Für den August 1989 konnte in Tirol ein Nächtigungsplus von über 8 % gegenüber dem Vorjahr festgestellt werden. Ob damit eine Trendwende eingesetzt hat oder nur eine kurzzeitige Steigerung aufgrund der Verschmutzung der Adria zu verzeichnen ist, sei dahingestellt.

Literaturverzeichnis

Ackerer P. (1974): Landwirtschaft und Fremdenverkehr im Bezirk Lienz (Osttirol). Geograph. Hausarbeit, Univ. Innsbruck, 100 S.
Aistleitner J. (1986): Formen und Auswirkungen des bäuerlichen Nebenerwerbs. Das Mühlviertel als Beispiel. Innsbrucker Geograph. Studien 14, 174 S.
Ders. (1985): Formen und Auswirkungen des bäuerlichen Nebenerwerbs im Mühlviertel. Geograph. Diss., Univ. Innsbruck, 310 S.
Alge R. (1985): Güterwegstudie Bartholomäberg/Silbertal – Auswirkungen und Probleme des Güterwegebaues im Dauersiedlungsraum des Berggebietes aus landschaftsökologisch- raumplanerischer Sicht. Dipl.-Arbeit Univ. Bodenkultur (IRUB), Wien, 285 S.
Ders. (1986): Auswirkungen und Probleme des Güterwegebaues im Dauersiedlungsraum. Wien: Institut für Raumplanung und agrarische Operationen BOKU Wien, 16 S. (Reihe „Extracts", 16).
Amt der Tiroler Landesregierung (Hrsg.): Bericht über die Lage der Tiroler Land- und Forstwirtschaft 1980/81, 1981/82, 1982/83, 1983/84, 1984/85, 1985/86, 1986/87, 1990/91, 1991/92, Innsbruck.
Ders. (1987): Typisierung der Tiroler Fremdenverkehrsgemeinden – Ergebnisse einer statistischen Analyse (Veröffentlichungen des Sachgebietes Statistik des Amtes der Tiroler Landesregierung), 101 S.
Astner O. (1985): Agrargeographie des Alpbachtales. Geograph. Hausarbeit, Univ. Innsbruck, 130 S.
Aulitzky H. (1981): Über die Gefährdungsursachen und die Möglichkeiten zur Wiederherstellung der Hangstabilität und die einschlägigen Möglichkeiten einer präventiven Berücksichtigung in der Raumordnung. In: Der Alm- und Bergbauer, Jg. 31, Folge 8, 9, 10, Innsbruck, S. 314 – 320, 366 – 375.
Barnick H. (1981): „Alpine Raumordnung" – ein wichtiger Teil der Tiroler Raumordnung. In: Berichte zur Raumforschung und Raumplanung 24, 3 – 7.
Bartels D. (1978): Raumwissenschaftliche Aspekte sozialer Disparitäten. In: Mitt. der Österr. Geogr. Gesellschaft 120/II, S. 227 – 242.
Bätzing W. (1985): Die Alpen. Frankfurt, 180 S.
Bauer G. (1931): Konkurrenzstraßen. In: Das Bauen in Stadt und Land von Tirol, Innsbruck, S. 16 – 21.
Bauern in Tirol. (1982): Vor 100 Jahren begann die Zukunft, 1882 – 1982. Hrsg. von der Landeslandwirtschaftskammer für Tirol, Innsbruck, 312 S.
Berger F. (1968): Das Sellraintal. Bevölkerung, Siedlung und Wirtschaft eines Hochgebirgstales. Geograph. Diss., Univ. Innsbruck, 334 S.
Bernt D. (1986): Die Rolle des Fremdenverkehrs im wirtschaftlichen Strukturwandel der ländlichen Gebiete Österreichs. In: Ziele und Methoden der Regionalforschung und Regionalplanung von ländlichen Gebieten. Leipzig: Institut für Geographie und Geoökologie der Akademie der Wissenschaften der DDR, S.120 – 136 (Wissenschaftliche Mitteilungen 19).
Betz R. (1988): Wanderungen in peripheren ländlichen Räumen. Abhandlungen des Geogr. Institutes d. Freien Univ. Berlin, Bd. 42, 137 S.
Blassnig P. (1956): Die Land- und Forstwirtschaft in Osttirol. In: Oberwalder, L., Osttirol, Großvenediger, Großglockner. Innsbruck, S. 76 – 80.
Bobek H. und Hofmayer A. (1981): Gliederung Österreichs in wirtschaftliche Strukturgebiete. Wien: Akademie der Wissenschaften (Beiträge zur Regionalforschung 3 der Kommission für Raumforschung der Österreichische Akademie der Wissenschaften), 113 S. und Kartenanhang.
Bodzenta E., Seidl H., Stiglbauer K. (1985): Österreich im Wandel. Gesellschaft, Wirtschaft, Raum. Verlag Springer, Wien, New York, 202 S.
Bohrn O. und Malina H. (1979): Die außerlandwirtschaftlichen Auswirkungen des ländlichen Wegbaues, dargestellt am Beispiel der Gemeinde Hirschbach im Mühlkreis. Dipl.- Arbeit, Univ. für Bodenkultur, Wien, 179 S.
Brugger E. A., Furrer G., Messerli B. (1984): Umbruch im Berggebiet. Bern und Stuttgart, 1097 S.
Bundesministerium für Land- und Forstwirtschaft (1988): Bericht über die Lage der österreichischen Land- und Forstwirtschaft 1987, Wien, 222 S.
Campell CH. (1966): Die wirtschaftlichen Wachstumsmöglichkeiten einer Bergregion unter besonderer Berücksichtigung der Abhängigkeit von Verkehrswegen. Winterthur, 220 S.
Ditterich A. (1979): Schiene und Straße als Träger des modernen Verkehrs in Tirol. Geograph. Hausarbeit, Univ. Innsbruck, 187 S.
Dönz A. (1972): Die Veränderungen der Berglandwirtschaft am Beispiel des Vorderprättigaus. Diss., ETH Zürich.

Edinger P. (1982): Der bäuerliche Familienbetrieb im Spannungsfeld zwischen Tourismus, Landschaft und Umwelt. In: Der Förderungsdienst 30/12, Wien, S. 343 – 348.

Egert F. (1951): 100 Jahre Tiroler Verkehrswirtschaft. In: Schlern-Schriften Bd. 77, S. 353 – 392.

Elsasser und Leibundgut (1982): Nichttouristische Entwicklungsmöglichkeiten im Berggebiet. Institut für Orts-, Regional- und Landesplanung an der ETH Zürich, 29.

Essmann H. (1980): Zur Entwicklung des ländlichen Raumes in Österreich. Ergebnisse einer Strukturuntersuchung und Folgerungen für die Raumordnungspolitik. Schriftenreihe des Salzburger Instituts für Raumforschung (SIR) 7, 309 S.

Falkner E. (1980): Formen und Typen des bäuerlichen Nebenerwerbs im Ötztal, Geograph. Hausarbeit, Univ. Innsbruck, 134 S.

Fischler F. (1989): Zukunft der Berglandwirtschaft. In: Mitt. des Österr. Alpenvereins 6/89, Innsbruck, S. 3 – 4.

Fliri F. (1959): Landtechnisch bedingte Entwicklungsrichtungen in der Kulturlandschaft des Unterinntales. In: Die Erde, Heft 4, S. 345 – 358.

Ders. (1979a): Konflikte und Konfliktlösungen in der Nutzung des Alpenraumes. In: Der Alm und Bergbauer 29, Innsbruck, S. 278 – 286 und 358 – 361.

Ders. (1979b): Entwicklung und Untergang der bergbäuerlichen Kulturlandschaft. In: Alpenvereinsjahrbuch 104, S. 92 – 102.

Fochler-Hauke G. (1976): Verkehrsgeographie. 4. Auflage, Braunschweig, 155 S.

Franz E. (1974): Verkehrserschließung und Auflassung landwirtschaftlicher Betriebe in den politischen Bezirken Kufstein und Kitzbühel. Geograph. Hausarbeit, Univ. Innsbruck, 158 S.

Frommelt H. (1976): Höfeerschließung in Vorarlberg. Geograph. Hausarbeit, Univ. Innsbruck, 113 S.

Furrer G. (1980): Die Zukunft der Alpen – der aktuelle Kulturlandschaftswandel der Nachkriegszeit. In: Jentsch Ch. und Lietke H.: Höhengrenzen in Hochgebirgen. Arbeiten aus dem Geograph. Inst. der Univ. des Saarlandes, Bd. 29, S. 367 – 385.

Gasser-Stäger W. (1976): Die Probleme und Schwierigkeiten der Landwirtschaft im alpinen Raum. Agrarische Rundschau 7, S. 5 – 10.

Gehrke W. und Richard H. (1974): Verkehrsaufschließung von Freizeit- und Erholungsgebieten. Forschungsarbeit des Institutes für Städtebau, Siedlungswesen und Kulturtechnik der Univ. Bonn.

Geyer W. (1973): Straßen und Wege im ländlichen Raum. In: Salzburger Dokumentationen, Heft 3, S. 9 – 12.

Grabherr G. (1984): Biotopinventar des Großen Walsertales mit Gutachten zur Schutzwürdigkeit des Großraumbiotops Gadental, Innsbruck.

Graf G. (1974): Die Landwirtschaft im Gschnitztal. Geograph. Hausarbeit, Innsbruck, 69 S.

Greif F. (1979a): Gedanken zur Alm- und Bergbauernfrage. In: Österreich in Geschichte und Literatur 29, Wien, S. 96 – 108.

Ders. (1979): Sozialfunktionen kleiner Gesellschaften in peripheren Hochgebirgsräumen. In: Monatsberichte über die österr. Landwirtschaft 26, Wien, S. 315 – 318.

Ders. und Schwackhöfer W. (1979): Die Sozialbrache im Hochgebirge am Beispiel des Außerferns. Schriftenreihe des Agrarwirtschaftlichen Inst. des BMLF 31, Wien, 185 S.

Greif, F. (1982): Regionale Bevölkerungsentwicklung in Österreich 1971 – 1981. Berichte zur Raumforschung und Raumplanung 27, 11. S. 629 – 235.

Ders. (1984): Gibt es in Österreich eine Höhenflucht? In: Monatsberichte über die österr. Landwirtschaft Heft 10, S. 643 – 650.

Gritsch G. (1986): Regionale Entwicklung und Struktur der Land- und Forstwirtschaft in Österreich um 1980. In: Raumwirksame Ergebnisse der Großzählung 1981. Berichte zur Raumforschung und Raumplanung, 30, 1 – 3 S. 44 – 55.

Grötzbach E. (1981): Zur räumlichen Mobilität der Bevölkerung in einer peripheren Region: Osttirol. In: Mitt. der Österr. Geographischen Gesellschaft 123, 1/2, S. 67 – 91.

Gruber G. (1970): Landschaftswandel durch bergbäuerliche Betriebsumstellung. Frankfurter wirtschafts- und sozialgeographische Schriften, 166 S.

Hafner F. (1971): Forstlicher Straßen und Wegebau. Österr. Agrarverlag, Wien.

Haimayer P. (1975): Das Stubaital. Verkehrserschließung, Kleineisenindustrie und Tourismus. In: Tirol. Ein geographischer Exkursionsführer (Innsbrucker Geograph. Studien Bd. 2), Innsbruck, S. 167 – 178.

Hasslacher P. (1981): Alternative Regionalpolitik für entwicklungsschwache Berggebiete. In: Alpenvereinsjahrbuch 106, S. 169 – 183.

Haun F. (1971): Die Bergdörfer der Tiroler Seitentäler des oberen Lech. Beiträge zur alpenländischen Wirtschafts- und Sozialforschung 116, Innsbruck, 181 S.

Hein E. (1980): Die Nebenerwerbslandwirtschaft in Österreich (Besprechung der Diss. von Binder F.). In: Mitt. und Berichte des Salzburger Instituts für Raumforschung 1 – 2, S. 39 – 110.

Herbin J. (1989): Der neue Bevölkerungsanstieg in den französischen Berggebieten. In: Probleme des ländliche Raumes im Hochgebirge. Innsbrucker Geographische Studien Bd 16, S. 121 – 132.

Hofinger W. (1982): ....und im Jahr 2000? Gedanken über eine mögliche Entwicklung der Tiroler Landwirtschaft. Bauern in Tirol. Hrsg. von der Landeslandwirtschaftskammer Tirol, Innsbruck, S. 267 – 309.

Höfle K. (1982): Grundzüge einer Bildungsgeographie von Tirol. Regionale Unterschiede des Bildungswesens und der Bildungsbeteiligung im Bundesland Tirol. Bd 1. Geograph. Diss., Univ. Innsbruck, 431 S.

Ders. (1984): Bildungsgeographie und Raumgliederung. Das Beispiel Tirol. Innsbrucker Geograph. Studien Bd.10, 148 S.

Holzberger R. (1986): Die Talfahrt der Bergbauern (Theorie und Forschung, Bd 12; Soziologie Bd. 3), Regensburg, 196 S.

Hotter M. (1981): Der Fremdenverkehr im traditionellen Wirtschaftsgefüge der Wildschönau. Geograph. Hausarbeit, Univ. Innsbruck, 77 S.

Huber H. R. (1987): Touristische Strukturen und Planungskonsequenzen im wirtschaftsschwachen Berggebiet. Ein Beitrag zur anwendungsorientierten Geographie des Fremdenverkehrs Bd. 1 und 2. Geograph. Diss., Univ. Innsbruck.

Huber R. (1987): Die Berglandwirtschaft in Österreich. In: Zukunft der Bergbauernpolitik, Euromontana, S. 101 – 111.

Husa K. und Wohlschlägl H. (1982): Aspekte der räumlichen Bevölkerungsentwicklung in Österreich im Spiegel der Volkszählung 1981. In: Berichte zur Raumforschung und Raumplanung 26, 3, S. 3 – 16.

Huter F. (1961): Das historische Verkehrsnetz und die Einrichtungen des älteren Verkehrswesens in Tirol. In: 100 Jahre Tiroler Verkehrsentwicklung, Tiroler Wirtschaftsstudien Bd. 10, S. 19 – 36.

Isser N. (1981): Nebenerwerb und Überlebenschancen der landwirtschaftlichen Betriebe im äußeren Wipptal. Geograph. Hausarbeit, Univ. Innsbruck, 140 S.

Jungblut CH. (1987): Die Tendenzen der Pendelwanderung in Nordtirol seit 1961. Geograph. Hausarbeit, Univ. Innsbruck, 130 S.

Karre M. (1985): Verkehrsgeographie von Osttirol mit besonderer Berücksichtigung der Felbertauernstraße. Geograph. Dipl.-Arbeit, Univ. Innsbruck, 92 S.

Kätzler M. (1977): Die Sozialbrache im Leermooser Becken. In: Jahresbericht 1974/75 des Zweigvereins Innsbruck der Österr. Geographischen Gesellschaft, Innsbruck, S. 11 – 27.

Keller W. (1975): Das Außerfern. Wandel der Wirtschafts- und Bevölkerungsstruktur eines dezentralen Raumes. In: Tirol – ein geographischer Exkursionsführer, Innsbrucker Geographische Studien 2, S. 251 – 280.

Ders. (1984): Gramais – Dorfentwicklung an der Siedlungsgrenze? Jahresbericht 1980 – 1983 des Zweigvereins Innsbruck der Österr. Geographischen Gesellschaft, Innsbruck, S. 18 – 58.

Ders. (1986): Wandlungen im alpinen Bevölkerungsbild unter dem Einfluß der Industrialisierung – Das Außerfern als Beispiel. In: Beiträge zur Bevölkerungsforschung. Festschrift für Ernest Troger Bd. 1, S. 221 – 240.

Kinzl H. (1959): Wandel im alpinen Bevölkerungsbild. Inaugurationsrede, Innsbruck, 15 S.

Klebelsberg R. v. (1947): Die Obergrenze der Dauersiedlung in Nordtirol. Schlern- Schriften 51, 54 S.

Klecatsky H. (1977): Die Zukunft der Alpenregion. In: Salzburger Institut für Raumforschung H. 2; S. 18 – 36.

Knoflach H. (1973): Die Verkehrserschließung des ländlichen Raumes in Tirol. Geograph. Diss. Univ., Innsbruck, 205 S. und Kartenbeilage.

Kober R. (1935): Anweisung für den Bau von Güterwegen. Wien & Leipzig.

Kobsa F. (1984): Die Bergbauern- und Grenzlandförderung im Rahmen des Grünen Planes. In: Berichte zur Raumforschung und Raumplanung 5/6, S. 14 – 20.

Knöbl I. (1987): Güterwegebau in Österreich. Rechtsgrundlagen, Geschichte, Förderung. Forschungsbericht Nr. 16 der Bundesanstalt für Bergbauernfragen, Wien.

Kraler P. (1970): Kulturgeographie von Villgraten. Geograph. Hausarbeit, Innsbruck, 100 S.

Kytir J. (1986): Demographischer Wandel im Bergbauernraum – das Beispiel der oberen Iselregion in Osttirol. In: Husa K., Vielhaber C. und Wohlschlägl H. (Hrsg.): Beiträge zur Bevölkerungsforschung. Festschrift für Ernest Troger zum 60. Geburtstag, Band 1, Wien: F. Hirt, S. 59 – 74.

Leibundgut HJ. (1977): Raumordnungspolitische Aspekte der Wirtschaftsförderung im Schweizer Berggebiet. Schriftenreihe zur Orts-, Regional- und Landesplanung an der ETH Zürich Nr. 27.

Leidlmair A. (1975): Südtirol als bevölkerungsgeographisches Problem. In: Mitteilungen der Österr. Geographischen Gesellschaft Bd. 115, Heft 1 – 3, S. 5 – 20.

Ders. (1975a): Grundzüge der Bevölkerungsentwicklung Tirols. In: Geographische Rundschau 27 Heft 5, S. 214 – 222.
Ders. (1975b): Tirol. Die natürlichen Grudlagen und das Werden der Kulturlandschaft. In: Tirol. Ein geographischer Exkursionsführer. Innsbrucker Geograph. Studien Bd. 2, Innsbruck, S. 9 – 23.
Ders. (1976a): Wirtschaftsräumlicher und sozialgeographischer Strukturwandel in Ost- und Südtirol. In: Österreich in Geschichte und Literatur mit Geographie, S. 410 – 425.
Ders. (1976b): Tirol – Wandel und Beharrung im „Land im Gebirge". In: 40. Dt. Geographentag Innsbruck 1975. Tagungsbericht und wissenschaftliche Abhandlungen, Wiesbaden, S. 27 – 47.
Ders. (1977): Aktiv- und Passivräume in der Alpenregion. In: Probleme der Alpenregion. Schriften und Informationen der H.-Seidl-Stiftung Bd. 3, S. 12 – 32.
Ders. (1978): Tirol auf dem Weg von der Agrar- zur Erholungslandschaft. In: Mitteilungen der Österr. Geographischen Gesellschaft 120, I. Halbband, S. 38 – 53.
Ders. (1981): Tirol – Umwelt und Mensch im sozioökonomischen Wandel. Österreich in Geschichte und Literatur mit Géographie 25, S. 305 – 313.
Ders. (1983 Hrsg.): Landeskunde Österreich (Harms Handbuch der Geographie), Paul List Verlag, München, 242 S.
Ders. (1983): Urbanisation as a process of population and settlement development in rural areas of the Alps. In: Nordia 17, S. 53 – 58.
Ders. (1987): Das Gebirge als sensibles System – Zum sozialgeographischen Wandel im mittleren Alpenraum. In: Gießener Universitätsblätter 1978/1, S. 33 – 44.
Ders. (1989): Grenzen in der Agrarlandschaft des mittleren Alpenraumes und ihr zeitlicher Wandel. In: Geogr. Zeitschr. = Sandner-Festschrift. S. 22 – 41.
Lichtenberger E. (1965): Das Bergbauernproblem in den österreichischen Alpen. Perioden und Typen der Entsiedlung. In: Erdkunde 19, S. 39 – 57.
Ders. (1979): Die Sukzession von der Agrar- zur Freizeitgesellschaft Europas. In: Fragen geographischer Forschung, Leidlmair-Festschrift I, Innsbrucker Geographische Studien 5, Innsbruck, S. 401 – 436.
Ders. (1981): Der ländliche Raum im Wandel. In: Das Dorf als Lebensraum. Intern. Symposium in Mieders 1981. Hrsg.: Österr. Ges. für Land- und Forstwirtschaftspolitik, S. 16 – 24.
Löhr L. (1971): Bergbauernwirtschaft im Alpenraum. Ein Beitrag zum Agrarproblem der Hang- und Berggebiete, Graz, 296 S.
Maggi R., Halbherr P., Kieliger K. (1985): Raumwirksamkeit der Erschließung mit öffentlichem und privatem Verkehr. In: Sektoralpolitik versus Regionalpolitik. Hrsg.: Brugger E. A. und Frey R., Bern, S. 263 – 278.
Maier J. (1976): Zur Geographie verkehrsräumlicher Aktivitäten. Münchner Studien zur Sozial- und Wirtschaftsgeographie Bd. 17.
Malinsky A. (1980): Entwicklungsschwerpunkte in strukturschwachen Räumen. In: Berichte zur Raumforschung und Raumplanung 24/1, S. 19 – 25.
Mannert J. (1976): Motive und Verhalten von Nebenerwerbslandwirten. Eine empirische Untersuchung in den Bundesländern Burgenland, Oberösterreich und Salzburg. Schriftenreihe des Agrarwirtschaftlichen Instituts 22, 243 S.
Mayr R. (1973): Verkehrserschließung und Auflassung landwirtschaftlicher Betriebe im mittleren Tirol. Geograph. Hausarbeit, Univ. Innsbruck, 85 S.
Meusburger P. (1975): Paznaun – Montafon – Klostertal; ein landeskundlicher Überblick. In: Tirol – ein geographischer Exkursionsführer, Innsbrucker Geographische Studien 2, S. 281 – 308.
Ders. (1980): Beiträge zur Geographie des Bildungs- und Qualifikationswesens. Regionale und soziale Unterschiede des Ausbildungsniveaus der österr. Bevölkerung. Innsbrucker Geographische Studien 7, 229 S. und Kartenband.
Messerli B. und Messerli P. (1978): Wirtschaftliche Entwicklung und ökologische Belastbarkeit im Berggebiet (MAB Schweiz). Geographica Helvetica Nr. 4, S. 203 – 210.
Morandini R. (1984): Die Land- und Forstwirtschaft in den Berggebieten Italiens. Agrarische Rundschau 1, S. 28 – 29.
Moser A. (1973): Der Straßenbau als Mittel der Raumordnung. In: Salzburger Dokumentationen Heft 3, S. 13 – 14.
Micke J. (1974): Güterwegebau im Bergland. Dargestellt an den Berggemeinden Dünserberg und Übersachsen. Beiträge zur alpenländischen Wirtschafts- und Sozialforschung 168, Innsbruck, 87 S.
Nechansky N. (1977): Die außerlandwirtschaftlichen Auswirkungen des Güterwegebaues, dargestellt am Beispiel der Gemeinde Annaberg, Land Salzburg. Dipl.-Arbeit, Univ. Bodenkultur, Wien, 165 S.

Nestroy O. (1979): Aspekte des Strukturwandels der österreichischen Landwirtschaft in den letzten zwei Jahrzehnten. In: Österreich in Geschichte und Literatur mit Geographie, 23. Jg., Heft 2, S. 82 – 95.
Netzer B. (1985): Abwanderung und Nutzenstruktur von Bergbauern. Theoretische Überlegungen und empirische Ergebnisse des politischen Bezirkes Imst. Beiträge zur alpenländischen Wirtschafts- und Sozialforschung 188. Innsbruck, 168 S.
Oberwalder L. (1988): Die Berglandwirtschaft aus der Sicht der alpinen Vereine. In: Bodenschutz und Berglandwirtschaft. CIPRA, Internat. Alpenschutzkommission, Bozen, S. 74 – 80.
ÖROK – Österreichische Raumordnungskonferenz (1987): Atlas zur räumlichen Entwicklung Österreichs, Wien.
Ders. Nr. 27 (1981): Dritter Raumordnungsbericht, Wien.
Ders. Nr. 55 (1987): Fünfter Raumordnungsbericht, Wien.
Österreichisches Institut für Raumplanung (1975): Entwicklungsprogramm Osttirol Teil 1 und 2, Wien, 290 S.
Paschinger H. (1942): Studien über Höhenflucht und Entsiedlung in Tirol und Vorarlberg. In: Berichte zur deutschen Landeskunde 1, S. 208 – 219.
Paulweber R. (1983): Erhaltungsfonds – vorerst einmalig in Österreich. In: Pioniertat Güterwegeerhaltung. Salzburger Dokumentationen. Schriftenreihe des Landespressebüros, Salzburg, S. 30 – 40.
Payr J. (1973): Erschließung und Auflassung landwirtschaftlicher Betriebe in Osttirol. Geograph. Hausarbeit, Univ. Innsbruck, 132 S.
Penz H. (1972): Das Wipptal. Bevölkerung, Siedlung und Wirtschaft der Paßlandschaft am Brenner. (Tiroler Wirtschaftsstudien 27. Folge), Innsbruck, 252 S.
Ders. (1975): Grundzüge gegenwärtiger Veränderungen in der Agrarlandschaft des Bundeslandes Tirol. In: Mitt. der Österr. Geographischen Gesellschaft. 117/3, S. 334 – 363.
Ders. (1975b): Die Kulturlandschaft des äußeren und mittleren Zillertales. In: Tirol. Ein geographischer Exkursionsführer. Innsbrucker Geographische Studien Bd. 2, Innsbruck, S. 314 – 318.
Ders. (1978): Die Almwirtschaft in Österreich. Münchner Studien zur Sozial- und Wirtschaftsgeographie 15, 211 S.
Ders. (1984): Moderne Wandlungen im alpinen Bergbauerntum. In: Geographische Rundschau 36, S. 204 – 408.
Ders. (1985): The Status of Alpine Pastures in the Scope of Alpine Agriculture. In: Leidlmair A. und Frantz K. (Hrsg.): Enviroment and Human Live in Highlands and High-Latitude Zones. Innsbrucker Geographische Studien 13, S. 115 – 121.
Ders. (1986): Zum aktuellen Strukturwandel im Bergbauerngebiet Österreichs – Entwicklungstendenzen am Beispiel der Veränderung der Zahl der Rinderhalter 1974 bis 1983. In: Angewandte Sozialgeographie. Festschrift für K. Ruppert, Augsburg, (Augsburger Geographische Studien, Sonderband), S. 147 – 162.
Ders. (1989a): Zur räumlichen Differenzierung des Bergbauerntums in Österreich: Entwicklungsprozesse am Beispiel der Zahl der Veränderungen der rinderhaltenden Betriebe 1957 bis 1983. In: Probleme des ländlichen Raumes im Hochgebirge. Innsbrucker Geographische Studien Bd. 16, S. 175 – 184.
Ders. (1989b): Die Zukunft der österreichischen Landwirtschaft in der Phase der Überproduktion. In: Lichtenberger E.: Österreich – Raum und Gesellschaft zu Beginn des 3. Jahrtausends. Beiträge zur Stadt- und Regionalforschung Bd. 9, Wien, S. 148 – 175.
Peroutka E. (1974): Das Stanzer Tal; demographische und ökonomische Gegebenheiten in Vergangenheit und Gegenwart. Wirtschaftswissenschaftl. Diss., Univ. Innsbruck, 188 S.
Pevetz W. (1976): Entsiedlungsprobleme im ländlichen Raum Europas und Österreichs (unter besonderer Berücksichtigung der Berggebiete). In Monatsberichte über die österr. Landwirtschaft 23, 4, S. 211 – 225.
Ders. (1977): Fremdenverkehr und Landwirtschaft als wechselweise gebende und nehmende Bereiche. In: Monatsber. über die österr. Landwirtschaft 24, Wien, S. 657 – 664.
Ders. (1980): Sozialer Wandel und Beharrung im ländlichen Raum. In: Monatsber. über die österr. Landwirtschaft 27, 1, Wien, S. 37 – 47.
Ders. (1980): Grenzen und Entwicklungsalternativen eines bäuerlichen Fremdenverkehrs in Österreich. In: Monatsber. über die österr. Landwirtschaft 27, 10, Wien, S. 567 – 573.
Ders. (1982): Fremdenverkehr und Landwirtschaft. Bericht über das FAO/ECE-Symposium 1982 in Mariehamn. In: Monatsber. über die österr. Landwirtschaft 29, 8, S. 457 – 461.
Ders. (1983): Sozialökonomische Politik und Lebensqualität in Beziehung zu wirtschaftlichen und strukturellen Veränderungen in der Landwirtschaft. In: Monatsber. über die österr. Landwirtschaft, Heft 12, S. 741 – 758.
Ders. (1984): Die ländliche Sozialforschung in Österreich 1972 – 1982. Bundesanstalt für Agrarwirtschaft 41, Wien, 343 S.

Plank und Ziche (1979): Land – und Agrarsoziologie. Eine Einführung in die Soziologie des ländlichen Siedlungsraumes. Verlag Eugen Ulmer, Stuttgart, 520 S.

Poschacher G. (1989): Bergbauern als Zukunftshoffnung. In: Mitt. des Österr. Alpenvereins 6/89, Innsbruck, S. 7 – 8.

Quendler T. (1985a): Die Bedeutung der Mehrfachbeschäftigung im ländlichen Raum in Österreich. In: ÖIR-Mitteilungen 2-6, S. 39 – 54.

Ders. (1985b): Die Bevölkerungsentwicklung in der österreichischen Land- und Forstwirtschaft. Die österreichische Landwirtschaft in Regionalwissenschaft und Raumplanung, Festschrift für F. Schmittner, Kiel, 327 S.

Recheis H. (1973): Schwer war der Beginn. Aus den Anfangszeiten des Güterwegebaues. In: Salzburger Dokumentationen Heft 3, S. 35 – 42.

Regionales Entwicklungsprogramm (1983) für den Planungsraum Oberes Lechtal, 108 S.; für die Planungsräume „Inneres Pitztal" und „Äußeres Pitztal", 225 S.

Reitmayr T. (1985): Die Siedlungsentwicklung in Tirol 1951 – 1981. Geograph. Hausarbeit, Univ. Innsbruck, 127 S.

Riedler R. (1980): Ist der Bergbauer ein Unternehmer? In: Agrarische Rundschau 5, Wien, S. 24 – 27.

Riegler F. (1990): Die Erschließung des bergbäuerlichen Siedlungsraumes in Tirol. Geograph. Diss., Univ. Innsbruck, 306 S.

Riegler J. (1987): Agrarpolitik – sozial und ökologisch. In: Agrarische Rundschau Nr. 3/4, S. 12 – 13.

Rinaldini B. (1929): Die Obergrenze der Dauersiedlungen und die relative Höhe des Siedlungsraumes in Tirol. In: Mitt. der Geograph. Gesellschaft Wien Bd. 72, S. 23 – 47.

Ruppert K. / Deuringer L. / Maier J. (1971): Das Bergbauerngebiet in den deutschen Alpen. WGI-Berichte zur Regionalforschung 7, München, 122 S. und Kartenbeilage.

Ders. (1977): Thesen zur Siedlungs- und Bevölkerungsentwicklung im Alpenraum. In: Probleme der Alpenregion (Hans-Seidl-Stiftung – Schriften und Informationen), München, S. 33 – 42.

Ders. (1982): Raumstrukturen der Alpen. Thesen zur Bevölkerungs- und Siedlungsentwicklung. Geograph. Rundschau 34, S. 386 – 388.

Sauberer M. (1982): Messung des regionalen Entwicklungsstandes – Zusammenfassung der Indikatoren und Endbericht, Wien, Österr. Inst. für Raumplanung, 107 S.

Ders. (1985): Jüngste Tendenzen der regionalen Bevölkerungsentwicklung in Österreich (1971 – 1984). In: Mitt. der Österr. Geograph. Gesellschaft 127, S. 81 – 118.

Schiff H. und Bochsbichler K. (1977): Die Bergbauern – Analyse einer Randgruppe der Gesellschaft. Wien, 170 S.

Schmutzer E. (1982): Die Bevölkerung Österreichs 1869 bis 1981 nach Gemeindehöhenklassen. In: Statist. Nachrichten 37/10, Wien, S. 543 – 549.

Schnitzer R. (1978): Die Zukunft der Berggebiete und der Berglandwirtschaft. In: Der Alm- und Bergbauer 28/11, S. 387 – 401.

Schönherr P. (1989): Urlaub am Bauernhof in Nordtirol. Geogr. Dipl.-Arbeit, Univ. Innsbruck, 152 S.

Schöntag K. (1971): Das Unterpaznaun: Kappl und See – vom Umbruch vergessene Berggemeinden. Beiträge zur alpenländischen Wirtschafts- und Sozialforschung Folge 117, 133 S.

Schrom A. (1982): Landwirtschaftliche und sozioökonomische Strukturen der Teilregion Görtschnitztal-Krappfeld, politischer Bezirk St. Veit a. d. Glan. Schriftenreihe für Raumforschung und Raumplanung 27, 111 S.

Schuler F. (1981): Sozialbrache im Bergbauerngebiet – Die Land- und Forstwirtschaft im Außerfern. In: Alm- und Bergbauer 31, S. 438 – 444.

Schwackhöfer W. (1975): Abgrenzung, Gliederung, Typisierung und Messung des regionalen Entwicklungsstandes der Berggebiete Österreichs vom Standpunkt der Land- und Forstwirtschaft. In: Monatsberichte über die österr. Landwirtschaft 22, 11, Wien, S. 658 – 668.

Schwarzelmüller H. (1978): Die Mehrzweckfunktion des Güterwegenetzes. In: Der Alm- und Bergbauer 28, Innsbruck, S. 242 – 247.

Ders. (1979): Die Verkehrserschließung des ländlichen Raumes durch Wege. Hab.-Schrift, Univ. für Bodenkultur, Wien, 393 S.

Sick W. D. (1983): Agrargeographie. In: Das geographische Seminar, Braunschweig.

Staa H. v. (1986): Bäuerliche Landwirtschaft vor der Vernichtung? Die ökosoziale Herausforderung. Schriftenreihe Grünes Forum Folge 9, Innsbruck.

Staffler J. J. (1847): Tirol und Vorarlberg, statistisch und topographisch mit geschichtlichen Bemerkungen Band 1, Innsbruck, 974 S.

Stefl F. (1986): Sozioökonomische Wandlungsprozesse und Tendenzen der Bevölkerungs- und Siedlungsentwicklung im bergbäuerlichen Lebensraum Kärntens, dargestellt am Beispiel zweier Gemeinden im oberen Mölltal. In: Beiträge zur Bevölkerungsforschung. Festschrift E. Troger, S. 241 – 266.

Steiger H. (1985): Tirol im Luftbild. Steiger Verlag, Innsbruck.

Steinbach J. (1980): Bewertung und Simulation der regionalen Verkehrserschlossenheit. Beiträge zur Regionalforschung Bd. 2, Wien, 70 S.

Steinwendter P. (1971): Die Mechanisierung der Tiroler Landwirtschaft. Diss., Rechts- und Staatswissenschaftl. Fakultät, Innsbruck, 158 S.

Stonjek D. (1971): Sozialökonomische Wandlungen und Siedlungslandschaft eines Alpentales. Innerstes Defereggen in Osttirol. Westfälische Geographische Studien 23, Münster, 95 S.

Stolz O. (1953): Geschichte des Zollwesens, Verkehrs und Handels in Tirol und Vorarlberg. Schlern-Schriften 108, 315 S.

Struckl M. u.a. (1981): Die außerlandwirtschaftlichen Auswirkungen von Maßnahmen zur ländlichen Verkehrserschließung im Großarltal, Land Salzburg. Dipl.-Arbeit, Univ. Bodenkultur Wien, 222 S.

Tirol-Atlas (1969 ff.): Hrsg. im Auftrag der Tiroler Landesregierung, Innsbruck.

Tiroler Landwirtschaftskataster (1979): Stand 1982, Hrsg. vom Amt der Tiroler Landesregierung, 34 S.

Tomasi E. (1978): Sozioökonomische Veränderungen im bäuerlichen Betrieb und Haushalt durch den Fremdenverkehr am Beispiel dreier Gemeinden im Oberpinzgau (Salzburg). Geograph. Jahresbericht aus Österreich 36 (1975/76), S. 50 – 79.

Troger E. (1954): Bevölkerungsgeographie des Zillertales. Schlern-Schriften 123. Innsbruck, 134 S.

Ulmer F. (1935): Höhenflucht. Eine statistische Untersuchung der Gebietsentsiedlung Deutschtirols. Schlern-Schriften 27, Innsbruck, 134 S.

Ders. (1942 und 1958): Die Bergbauernfrage. Untersuchungen über das Massensterben bergbäuerlicher Kleinbetriebe im alpenländischen Realteilungsgebiet. Schlern-Schriften 50, Innsbruck, 222 S.

Ders. (1961): Landwirtschaftliche Güter- und Seilwege. In: 100 Jahre Tiroler Verkehrsentwicklung. Tiroler Wirtschaftsstudien 10, S. 37 – 48.

Wanner H. (1983): Aspekte sozialen Wandels in peripheren Agrarräumen eines Industrielandes. Eine sozialgeographische Untersuchung im schweizerischen Berggebiet. Phil. Diss., Univ. Zürich, 194 S.

Wilhelmer A. (1984): Bergflucht in Osttirol. Geograph. Diss., Univ. Innsbruck, 147 S.

Windisch J. (1982): Traditionelle und gegenwärtige Formen des Erwerbslebens im Kaunertal. Geograph. Hausarbeit, Univ. Innsbruck, 145 S.

Wopfner H. (1953 – 1960): Bergbauernbuch 1. bis 3. Lieferung, Innsbruck, 731 S.

Quellenangaben

1. Veröffentlichungen des Österreichischen Statistischen Zentralamtes

a) Bevölkerung

Ergebnisse der Volkszählung vom 21. März 1961 – Tirol. Volkszählungsergebnisse 1961, Heft 4, 1963.
Ergebnisse der Volkszählung vom 12. Mai 1971 – Hauptergebnisse für Tirol. Beiträge zur österr. Statistik, Heft 309/4, 1973.
Volkszählung 1981 – Wohnbevölkerung nach Gemeinden mit der Bevölkerungsentwicklung seit 1869. Beiträge zur österr. Statistik, Heft 630/18, 1983.
Volkszählung 1981 – Hauptergebnisse 1981 – Tirol. Beiträge zur österr. Statistik, Heft 630/8, 1984.
Volkszählung 1991 – Hauptergebnisse 1991 – Tirol.
Die natürliche Bevölkerungsbewegung von 1951 bis 1974. Beiträge zur österr. Statistik.

b) Ortsverzeichnisse

Ortsverzeichnis von Österreich. Bearbeitet aufgrund der Ergebnisse der Volkszählung vom 21. März 1961, Wien.
Ortsverzeichnis 1971 – Heft Tirol. Bearbeitet aufgrund der Volkszählungsergebnisse vom 12. Mai 1971, Wien.
Ortsverzeichnis 1981 – Heft Tirol. Bearbeitet aufgrund der Volkszählungsergebnisse vom 5. Dezember 1981, Wien.

c) Siedlung

Ergebnisse der Häuser- und Wohnungszählung vom 21. März 1961. Häuser- und Wohnungszählung 1961 – Tirol, Heft 3, 1962.
Ergebnisse der Häuser- und Wohnungszählung vom 12. Mai 1971 – Tirol. Beiträge zur österr. Statistik, Heft 315/3, 1973.
Häuser- und Wohnungszählung 1981 – Hauptergebnisse für Tirol. Beiträge zur österr. Statistik, Heft 640/7, 1982.
Häuser- und Wohnungszählung 1991 – Hauptergebnisse für Tirol. Beiträge zur österr. Statistik.

d) Landwirtschaft

Ergebnisse der land- und forstwirtschaftlichen Betriebszählung vom 1. Juni 1951 nach Gemeinden – Tirol, Heft 4, Wien 1953.
Land- und forstwirtschaftliche Betriebszählung vom 1. Juni 1960 – Landesheft Tirol, Wien 1963.
Ergebnisse der land- und forstwirtschaftlichen Betriebszählung 1970 – Landesheft Tirol. Beiträge zur österr. Statistik, Heft 313/7, Wien 1974.
Land- und forstwirtschaftliche Betriebszählung 1980 – Hauptergebnisse für Tirol. Beiträge zur österr. Statistik, Heft 660/7, Wien 1982.
Ergebnisse der Erhebung des Bestandes an landwirtschaftlichen Maschinen und Geräten 1953, 1962, 1966. Beiträge zur österr. Statistik.
Land- und forstwirtschaftliche Maschinenzählung 1972, 1977, 1982.
Beiträge zur österr. Statistik.

e) Verkehr

Österreichische Verkehrsstatistik 1953 – 1971. Beiträge zur österreichischen Statistik, Heft 329.

2. Sonstige Quellen und Unterlagen

Höfeerschließung:
Amt der Tiroler Landesregierung Abt. III d/1: Güter- und Seilwegebau

Landwirtschaftskataster:
Amt der Tiroler Landesregierung Abt. III c: Fachliche Angelegenheiten der Landwirtschaft
Amt der Tiroler Landesregierung Abt. IV: EDV

Sitro-Daten:
Amt der Tiroler Landesregierung Abt. I c: Sachgebiet Statistik
Verschiedene Computerausdrucke nach Unterlagen des ÖSTZ

Landwirtschaft:
Landeslandwirtschaftkammer für Tirol, Innsbruck
Bezirkslandwirtschaftskammer Innsbruck
Bezirkslandwirtschaftskammer Schwaz
Bundesministerium für Land- und Forstwirtschaft. Computerausdruck – Bergbauernzonierung (Kopie).
Freundlicherweise zur Verfügung gestellt von Univ.-Doz. Dr. H. PENZ

Gesetze:
Landesgesetzblatt für Tirol vom 26. 1. 1961
Landesgesetzblatt für Tirol vom 28. 11. 1962

Kartenwerke:
Bundesamt für Eich und Vermessungswesen: Österreichische Karte
ÖK 1 : 50.000: Blatt 89 – 91, 114, 115, 119 – 122, 143 – 150, 171, 173, 177 – 179
Diverse Karten und Prospekte von Fremdenverkehrsverbänden in den verschiedenen Gemeinden

Tabellenanhang

1: Unerschlossene Bergbauernhöfe nach Gemeinden (1966 bis 1995)

	1966 abs.	in % der Rinderh.	1971 abs.	1976 abs.	1981 abs.	1989 abs.	1995 abs.
Bezirk IMST							
Arzl i. Pitztal	46	27,7	30	23	12	3	0
Haiming	28	17,9	16	4	3	2	0
Imst	2	1,5	2	2	2	0	0
Imsterberg	23	35,9	23	8	0	0	0
Jerzens	46	46,5	33	32	17	1	0
Längenfeld	32	12,6	9	8	5	4	3
Ötz	50	44,6	45	17	15	7	0
Rietz	3	3,2	3	0	0	0	0
Roppen	16	20,8	16	2	0	0	0
St. Leonhard i. Pitztal	67	39,4	62	54	24	4	0
Sautens	2	2,6	2	0	0	0	0
Silz	3	2,6	1	1	1	0	0
Sölden	97	53,2	48	27	22	0	0
Stams	3	5,2	3	3	3	0	0
Tarrenz	4	2,6	4	1	1	0	0
Umhausen	29	12,1	11	11	10	0	0
Wenns	46	32,6	44	27	16	15	7
GESAMT	497	18,3	352	220	131	36	10
Bezirk INNSBRUCK-STADT UND -LAND							
Aldrans	4	10,3	4	4	4	4	1
Ampaß	18	42,8	15	6	1	1	1
Axams	6	5,0	6	3	1	0	0
Birgitz	3	8,6	3	3	2	0	0
Ellbögen	52	58,4	40	16	10	9	7
Flaurling	3	4,1	1	1	0	0	0
Fritzens	4	15,4	4	4	4	4	1
Fulpmes	5	8,7	3	3	2	2	0
Gnadenwald	18	50,0	18	18	13	3	1
Götzens	2	3,1	2	2	2	2	0
Gries a. Brenner	42	47,7	36	26	20	11	11
Gries i. Sellrain	25	58,1	6	2	1	1	3*
Grinzens	5	8,6	5	5	2	0	0
Gschnitz	11	35,5	11	11	5	1	0
Inzing	28	32,5	17	7	0	0	0
Kolsassberg	29	64,4	26	22	14	1	0
Leutasch	9	5,6	9	9	9	6	8*
Mieders	3	6,8	2	2	2	2	0
Mühlbachl	40	63,5	39	21	16	4	3
Mutters	20	46,5	9	4	4	2	2
Natters	2	5,1	2	2	2	2	2
Navis	74	57,8	67	43	32	17	6
Neustift	62	35,2	58	35	18	5	3
Oberhofen	4	5,2	2	2	0	0	0

	1966 abs.	in % der Rinderh.	1971 abs.	1976 abs.	1981 abs.	1989 abs.	1995 abs.
Obernberg	16	33,3	9	6	5	4	3
Oberperfuss	23	20,4	20	15	5	0	0
Patsch	4	9,5	1	1	1	1	1
Pfaffenhofen	2	10,0	2	2	2	0	0
Pfons	32	65,3	17	5	4	3	1
Ranggen	6	12,8	6	3	3	3	3
Reith b. Seefeld	1	2,4	1	0	0	0	0
Rinn	1	2,0	1	1	1	0	0
Rum	1	2,1	1	1	0	0	0
St. Sigmund i.Sellraintal	5	22,7	3	3	0	0	0
Schmirn	59	59,0	53	19	15	6	1
Schönberg i. Stubaital	8	32,0	7	5	5	2	1
Sellrain	46	54,1	35	24	11	4	0
Steinach a. Brenner	27	29,7	15	6	4	4	4
Telfes i. Stubaital	29	52,7	27	22	16	2	2
Telfs	14	12,4	3	3	1	1	0
Thaur	1	0,9	1	1	1	1	2*
Trins	3	4,2	3	3	1	1	1
Tulfes	14	21,2	9	6	5	5	4
Vals	17	28,5	15	12	8	4	3
Volders	36	37,5	35	31	19	15	12
Wattenberg	31	54,4	29	28	20	5	2
Wattens	17	28,3	17	15	5	0	0
Innsbruck-Stadt	5	2,6	4	4	4	3	4*
GESAMT	867	22,4	699	467	300	142	94
Bezirk KITZBÜHEL							
Aurach	34	48,6	21	6	6	3	2
Brixen i. Thale	39	32,5	36	32	24	10	3
Fieberbrunn	102	67,5	72	31	23	5	4
Going	30	28,8	25	13	11	9	8
Hochfilzen	2	5,6	0	0	0	0	0
Hopfgarten	120	45,8	79	63	37	24	23
Itter	26	56,5	14	9	5	4	1
Jochberg	17	23,0	16	16	10	4	3
Kirchberg i. Tirol	86	50,0	63	44	27	19	6
Kirchdorf i. Tirol	37	26,5	18	15	14	3	2
Kitzbühel	38	29,9	25	21	16	15	15
Kössen	50	26,5	50	43	17	13	13
Oberndorf	15	21,4	7	6	3	3	2
Reith b. Kitzbühel	18	30,5	10	7	4	1	1
St. Jakob i. Haus	4	15,4	3	2	2	2	4*
St. Johann i. Tirol	39	21,5	16	14	8	5	2
St. Ulrich a. Pillersee	5	8,9	3	2	1	1	1
Schwendt	17	28,8	16	14	12	6	5
Waidring	20	23,3	11	8	4	2	1
Westendorf	68	40,1	37	16	6	4	4
GESAMT	767	34,9	522	362	230	133	100

	1966 abs.	in % der Rinderh.	1971 abs.	1976 abs.	1981 abs.	1989 abs.	1995 abs.
Bezirk KUFSTEIN							
Alpbach	52	45,2	26	5	4	4	4
Angath	5	16,7	5	5	5	4	4
Angerberg	8	8,3	6	5	5	5	8*
Bad Häring	5	9,2	5	5	5	5	5
Brandenberg	41	35,6	32	15	8	3	6*
Breitenbach	64	46,0	47	23	21	16	9
Brixlegg	15	28,3	10	3	2	2	2
Ebbs	13	13,7	8	7	6	6	6
Ellmau	17	15,5	15	15	14	10	5
Erl	6	8,6	6	6	5	4	2
Kirchbichl	19	21,1	19	14	14	11	11
Kramsach	4	5,3	3	0	0	0	0
Kufstein	1	1,9	1	1	1	0	0
Kundl	13	14,6	13	9	2	2	2
Langkampfen	2	2,3	2	2	2	2	2
Mariastein	2	16,7	2	2	2	1	1
Niederndorf	5	9,8	2	1	1	1	0
Niederndorfberg	7	12,1	6	6	1	0	1*
Reith i. Alpbachtal	25	20,5	10	8	1	1	2*
Rettenschöss	8	17,0	3	0	0	0	0
Scheffau	21	29,6	15	13	9	9	5
Schwoich	17	18,5	15	8	6	3	3
Söll	40	21,4	30	24	18	13	9
Thiersee	36	30,5	20	15	14	8	16*
Walchsee	7	9,3	5	4	4	1	1
Wildschönau	134	55,1	111	54	30	25	24
Wörgl	3	3,4	3	3	3	3	3
GESAMT	570	21,8	420	253	183	139	131
Bezirk LANDECK							
Fendels	2	6,7	2	2	0	0	0
Fiss	3	4,0	3	3	1	0	0
Fliess	96	43,0	60	35	18	11	9
Flirsch	31	54,5	15	6	1	0	0
Galtür	6	9,3	6	6	6	4	0
Grins	13	14,7	4	4	0	0	0
Ischgl	33	37,5	26	10	3	3	0
Kappl	152	54,6	95	60	38	13	5
Kaunerberg	24	43,6	24	21	20	13	8
Kaunertal	16	26,2	2	0	0	0	0
Kauns	1	2,4	1	1	1	1	0
Ladis	4	7,1	4	2	0	0	0
Landeck	14	23,7	14	13	8	5	2
Nauders	6	4,4	6	5	2	1	1
Pettneu a. Arlberg	2	1,7	2	2	0	0	0
Pfunds	39	20,2	39	29	16	9	4
Pians	7	14,9	0	0	0	0	0

	1966 abs.	in % der Rinderh.	1971 abs.	1976 abs.	1981 abs.	1989 abs.	1995 abs.
Prutz	3	4,7	3	3	3	1	4
Ried i. Oberinntal	9	15,8	8	6	6	5	4
St. Anton a. Arlberg	8	9,0	8	7	5	1	1
Schönwies	14	13,6	14	14	0	0	0
See	50	72,5	30	24	21	8	2
Serfaus	16	16,8	10	7	7	6	0
Spiß	3	12,5	3	2	0	0	0
Stanz b. Landeck	12	32,4	12	4	4	4	3
Strengen	102	90,2	81	46	13	5	1
Tobadill	36	58,0	31	23	13	10	2
Tösens	17	25,8	17	15	13	10	4
Zams	38	39,2	33	27	21	14	0
GESAMT	757	29,3	553	377	220	124	46
Bezirk LIENZ							
Abfaltersbach	19	41,3	18	15	15	4	1
Ainet	29	60,4	29	15	4	2	2
Anras	45	35,7	39	14	7	0	1
Assling	73	42,0	46	32	11	4	6
Außervillgraten	69	65,7	45	36	22	10	10
Dölsach	10	10,8	10	7	6	0	0
Gaimberg	13	25,5	13	9	5	2	4*
Heinfels	12	20,3	6	4	3	1	0
Hopfgarten i. Defereggen	38	49,4	28	17	14	5	6
Innervillgraten	77	69,4	68	66	42	20	12
Iselsberg-Stronach	15	48,8	8	6	4	4	4
Kals a. Großglockner	23	27,7	22	12	8	5	5
Kartitsch	59	56,8	54	32	15	9	8
Leisach	16	45,7	15	11	7	5	4
Lienz	2	3,5	2	2	2	2	2
Matrei i. Osttirol	97	49,2	81	64	49	24	24
Nikolsdorf	19	29,7	11	10	5	4	3
Nußdorf-Debant	22	41,5	17	15	12	7	6
Oberlienz	23	25,0	17	11	10	5	2
Obertilliach	35	40,7	35	6	1	1	1
Prägraten	54	61,4	43	24	14	3	6*
St. Jakob i. Defereggen	53	59,6	52	29	22	9	10*
St. Johann i. Walde	15	68,2	14	11	4	2	0
St. Veit i. Defereggen	59	71,1	37	29	25	16	6
Schlaiten	12	34,3	7	4	3	1	1
Sillian	50	49,0	32	32	16	5	8*
Strassen	31	39,2	31	15	8	3	3
Thurn	8	23,5	8	3	2	1	0
Untertilliach	46	92,0	39	32	10	2	0
Virgen	62	43,4	52	45	23	10	14*
GESAMT	1086	43,5	879	608	369	166	149

	1966 abs.	in % der Rinderh.	1971 abs.	1976 abs.	1981 abs.	1989 abs.	1995 abs.
Bezirk REUTTE							
Berwang	33	41,0	22	18	18	18	20*
Biberwier	4	9,3	4	4	4	0	0
Ehrwald	4	3,7	4	2	2	0	0
Grameis	6	46,2	6	6	3	0	0
Holzgau	11	20,0	6	6	6	5	5
Kaisers	12	66,7	10	8	6	5	0
Lermoos	5	8,1	1	1	1	1	1
Namlos	5	19,2	5	5	5	0	0
Nesselwängle	8	14,8	0	0	0	0	0
Pfafflar	4	11,1	1	1	1	0	0
Steeg	8	9,8	4	4	2	2	2
Vils	1	1,3	1	1	1	0	0
Wängle	1	1,6	1	1	0	0	0
Weißenbach a. Lech	7	8,6	7	7	0	0	0
Zöblen	4	15,3	1	1	0	0	0
GESAMT	113	5,9	73	65	49	31	29
Bezirk SCHWAZ							
Achenkirch	17	18,9	17	12	9	1	1
Aschau im Zillertal	28	40,6	20	5	4	1	2*
Brandberg	24	77,4	20	9	2	0	0
Bruck a.Ziller	5	10,4	5	1	0	0	0
Buch b. Jenbach	2	2,8	2	2	0	0	0
Eben a. Achensee	2	4,7	2	2	2	1	0
Finkenberg	33	44,6	22	11	11	7	9*
Fügen	1	1,5	1	1	1	1	1
Fügenberg	34	30,1	32	18	14	13	12
Gallzein	14	33,3	8	6	1	0	0
Gerlos	6	24,4	5	5	2	2	1
Gerlosberg	23	62,2	17	8	7	4	4
Hainzenberg	23	59,0	20	3	3	3	3
Hart i. Zillertal	59	50,9	42	36	31	28	29*
Hippach	21	46,7	17	10	5	3	3
Jenbach	9	26,4	9	9	9	2	2
Kaltenbach	15	34,1	10	8	5	3	3
Mayrhofen	13	16,0	5	3	3	2	1
Pill	36	49,3	23	19	17	7	6
Ramsau	11	30,1	2	1	1	0	0
Ried i. Zillertal	2	6,1	1	0	0	0	0
Rohrberg	13	43,3	7	2	2	1	0
Schlitters	13	27,7	11	0	0	0	0
Schwaz	31	25,2	29	5	1	0	0
Schwendau	7	15,6	3	3	3	0	0
Stans	3	7,1	3	3	3	1	1
Steinberg a. Rofan	6	27,3	3	3	3	3	3
Straß i. Zillertal	2	6,3	2	0	0	0	0
Stummerberg	35	42,2	18	10	9	8	5

	1966 abs.	in % der Rinderh.	1971 abs.	1976 abs.	1981 abs.	1989 abs.	1995 abs.
Terfens	18	32,1	11	4	0	0	0
Tux	42	48,3	27	12	10	9	7
Uderns	8	22,2	8	3	2	1	1
Vomp	5	5,4	5	5	5	1	1
Weer	7	14,3	7	7	7	1	1
Weerberg	45	34,9	29	22	11	6	1
Zellberg	38	82,6	15	2	1	0	0
GESAMT	651	28,3	458	250	184	109	98
TIROL	5308	25,4	3936	2602	1666	880	659

Die mit * bezeichneten Werte haben sich durch die Rückstufung von ursprünglich bereits als erschlossen gemeldeten Höfen ergeben.

2: Die Abnahme der unerschlossenen Höfe seit 1966 nach Regionen

Region/Tal	Unerschlossene Höfe								
	1966	1971		1976		1981		1988	
	abs.	abs.	in % v. 1966	abs.	in % v. 1966	abs.	in % v. 1966	abs.	in % v. 1966
Landeck/Umgebung	230	168	73%	120	52%	64	28%	51	22%
Stanzertal	143	106	74%	61	43%	19	13%	8	6%
Oberes Gericht	143	122	85%	96	67%	69	48%	56	39%
Patznauntal	241	157	65%	100	41%	68	28%	32	13%
Imst-Mieminger Plateau	82	68	83%	17	21%	7	9%	6	7%
Pitztal	205	169	82%	136	66%	78	38%	35	17%
Ötztal	210	115	55%	63	30%	52	25%	26	13%
Zwischentoren	46	31	67%	25	54%	25	54%	19	41%
Oberes Lechtal	46	32	70%	30	65%	23	50%	12	26%
Reutte/Umgebung	21	10	48%	10	48%	1	5%	0	0%
Innsbruck – Wattens	174	159	91%	136	78%	86	49%	39	22%
Stubaital	107	97	91%	67	63%	43	40%	13	12%
Wipptal	321	265	82%	152	47%	110	34%	65	20%
Sellraintal	76	44	58%	29	38%	12	26%	6	8%
Östl./westl. Mittelgeb.	99	73	74%	41	41%	29	29%	26	26%
Zirl – Telfs	90	61	68%	42	47%	20	22%	11	12%
Schwaz – Jenbach	170	126	74%	82	48%	54	32%	29	17%
Vorderes Zillertal	174	130	75%	77	44%	62	36%	54	31%
Hinteres Zillertal	282	180	64%	74	26%	54	19%	33	12%
Achental	25	22	88%	17	68%	14	56%	5	20%
Brixental	253	166	66%	120	47%	72	28%	43	17%
Kitzbühel/Umgebung	193	135	70%	94	49%	63	33%	46	24%
Pillersee/Fieberbrunn	113	78	69%	35	31%	26	23%	13	12%
St. Johann – Kössen	208	143	69%	113	54%	69	33%	48	23%
Untere Schranne	46	30	65%	24	52%	17	37%	14	30%
Kundl- Kufstein	175	138	79%	92	53%	80	46%	60	34%
Brixlegg/Umgebung	137	81	59%	31	23%	15	11%	11	8%
Wildschönau	134	111	83%	54	40%	30	22%	25	19%
Söll – Landl	78	60	77%	52	67%	41	52%	35	45%
Oberes Iseltal	236	198	84%	145	61%	94	40%	48	20%
Defereggental	150	109	73%	75	50%	61	41%	35	23%
Lienz/Umgebung	257	196	76%	136	53%	57	29%	41	16%
Osttiroler Pustertal	216	180	83%	112	52%	64	30%	25	12%
Tilliach	81	74	91%	38	47%	11	14%	4	5%
Villgratental	146	113	77%	102	70%	64	44%	31	21%
TIROL	5308	3936	25%	2602	49%	1666	31%	880	17%

Quelle: Abt. IIId/1 der Landesregierung, unveröffentlicht

3: Die absolute Höhe der unerschlossenen Höfe 1966

BEZIRK	<600 m	600 m-700 m	700 m-800 m	800 m-900 m	900 m-1000 m	1000 m-1100 m	1100 m-1200 m	1200 m-1300 m	1300 m-1400 m	1400 m-1500 m	1500 m-1600 m	1600 m-1700 m	>1700 m	SUM
Imst (abs.)	0	1	8	12	65	42	53	60	59	105	13	18	22	457
(in %)	0	0,2	1,7	2,6	14,7	9,2	11,6	13,1	12,9	23,0	2,6	3,9	4,8	100
Innsbruck (abs.)	5	20	35	98	79	142	125	113	55	59	25	6	0	742
(in %)	0,7	2,6	4,6	12,9	10,4	18,6	16,4	14,8	7,2	7,7	3,3	0,8	0	100
Kitzbühel (abs.)	1	27	123	170	126	121	60	9	0	0	0	0	0	637
(in %)	0,2	4,2	19,3	26,7	19,8	19,0	9,4	1,4	0	0	0	0	0	100
Kufstein (abs.)	53	84	75	55	88	86	50	20	1	0	0	0	0	517
(in %)	10,3	16,2	14,5	10,6	17,0	16,6	10,6	3,9	0,2	0	0	0	0	100
Landeck(abs.)	0	0	0	19	27	82	121	229	160	49	16	8	3	714
(in %)	0	0	0	2,7	3,8	11,5	16,9	32,1	22,4	6,9	2,2	1,1	0,4	100
Lienz (abs.)	0	2	22	45	61	62	143	133	185	180	80	40	14	967
(in %)	0	0,2	2,3	4,7	6,3	6,4	14,8	13,8	19,1	18,6	8,3	4,1	1,4	100
Reutte (abs.)	0	0	0	1	4	2	37	31	14	1	8	0	0	98
(in %)	0	0	0	1,0	4,1	2,0	37,8	31,6	14,3	1,0	8,2	0	0	100
Schwaz (abs.)	6	35	76	104	109	103	63	39	24	17	0	0	0	576
(in %)	1,0	6,3	13,2	18,1	18,9	17,9	10,9	6,8	4,2	3,0	0	0	0	100
Tirol (abs.)	67	169	337	504	559	640	657	634	498	411	141	72	39	4728
(in %)	1,4	3,6	7,1	10,7	11,8	13,5	13,9	13,4	10,5	8,7	3,0	1,5	0,8	100

Quelle: Eigene Berechnungen

4: Die relative Höhe der unerschlossenen Betriebe 1966

Bezirk	0-99m		100-199m		200-299m		300-399m		400-499m		500-599m		600-699m		>700m	
	abs.	rel.	abs.	rel.	abs.	rel.	abs.	rel.	abs.	rel.	abs.	rel.	abs.	rel.	abs.	rel.
Imst	124	27 %	131	29 %	57	13 %	65	14 %	54	12 %	25	5 %	1	0,2 %	0	–
Innsbruck	245	32 %	182	24 %	183	24 %	79	10 %	40	5 %	18	2 %	12	1,6 %	3	0,4 %
Kitzbühel	220	35 %	129	20 %	144	23 %	90	14 %	40	6 %	11	2 %	3	0,5 %	0	–
Kufstein	144	28 %	141	27 %	106	21 %	69	13 %	43	8 %	12	2 %	2	0,4 %	0	–
Landeck	109	15 %	161	23 %	201	28 %	126	18 %	73	10 %	35	4 %	9	1,8 %	0	–
Lienz	328	34 %	223	23 %	177	18 %	80	8 %	58	6 %	68	7 %	31	3,2 %	2	0,2 %
Reutte	35	36 %	35	36 %	16	16 %	12	12 %	0	–	0	–	0	–	0	–
Schwaz	58	10 %	77	13 %	120	21 %	98	17 %	105	18 %	68	12 %	37	6,4 %	13	2,3 %
Tirol	1.263	27 %	1.079	23 %	1.004	21 %	619	13 %	413	9 %	236	5 %	96	2,0 %	18	0,4 %

Quelle: Eigene Berechnungen

INNSBRUCKER GEOGRAPHISCHE STUDIEN

Herausgeber A. Borsdorf u. G. Patzelt   Schriftleitung W. Keller

BAND 24 Masaaki Kureha: WINTERSPORTGEBIETE IN ÖSTERREICH UND JAPAN. 1995, 188 S. ISBN 3-901182-24-1

BAND 23 Bruno Paldele: DIE AUFGELASSENEN ALMEN TIROLS. 1994, 160 S. ISBN 3-901182-23-3

BAND 22 Andreas Erhard: MALAWI. Agrarstruktur und Unterentwicklung. 1994, 312 S. ISBN 3-901182-22-5

BAND 21 LATEINAMERIKA. Krise ohne Ende? Beiträge zu einer Ringvorlesung im Wintersemester 1993/94 an der Leopold-Franzens-Universität Innsbruck. Hg. v. A. Borsdorf. 1994. 204 S. ISBN 3-901182-21-7

BAND 20 DER GEOGRAPH IM HOCHGEBIRGE. Beiträge zu Theorie und Praxis geographischer Forschung. Festschrift für Helmut Heuberger zum 70. Geburtstag. Hg. v. M. Petermüller-Strobl und J. Stötter. 1993, 128 S. ISBN 3-901182-20-9

BAND 19 Ernst Steinicke: FRIAUL - FRIULI. Bevölkerung und Ethnizität. 1991, 224 S. ISBN 3-901182-19-5

BAND 18 Rudolf Berchtel: ALPWIRTSCHAFT IM BREGENZERWALD. 1990, 156 S.

BAND 17 Hanns Kerschner: BEITRÄGE ZUR SYNOPTISCHEN KLIMATOLOGIE DER ALPEN ZWISCHEN INNSBRUCK UND DEM ALPENOSTRAND, 1989, 253 S.

BAND 14 Josef Aistleitner: FORMEN UND AUSWIRKUNGEN DES BÄUERLICHEN NEBENERWERBS. Das Mühlviertel als Beispiel. 1986, 174 S.

BAND 13 ENVIRONMENT AND HUMAN LIFE IN HIGHLANDS AND HIGH-LATITUDE ZONES. Proceedings of a Symposium of the I.G.U Commission on Rural Development, 1984 in Innsbruck. Ed. by A. Leidlmair and K. Frantz. 1985, 203 S.

BAND 12 Jan Nottrot: LUXEMBURG. Beiträge zur Stadtgeographie einer europäischen Hauptstadt und eines internationalen Finanzplatzes. 1985, 131 S.

BAND 10 Konrad Höfle: BILDUNGSGEOGRAPHIE UND RAUMGLIEDERUNG. Das Beispiel Tirol. 1984, 148 S.

BAND 9 Albin Pixner: INDUSTRIE IN SÜDTIROL. Standorte und Entwicklung seit dem Zweiten Weltkrieg. 1983, 138 S.

BAND 8 ARBEITEN ZUR QUARTÄR- UND KLIMAFORSCHUNG. Fliri-Festschrift. 1983, 166 S.

BAND 7 Peter Meusburger: BEITRÄGE ZUR GEOGRAPHIE DES BILDUNGS- UND QUALIFIKATIONSWESENS. 1980, 229 S.

BAND 4 Heinrich Tscholl: DER TSCHÖGGLBERG. Eine bevölkerungs- und wirtschaftsgeographische Untersuchung. 1978, 142 S.

BAND 1, BAND 2, BAND 3, BAND 5, BAND 6, BAND 11, BAND 16   vergriffen